台湾動物記

知られざる哺乳類の世界

On the Track of Wild Mammals in Taiwan

押田龍夫
Tatsuo OSHIDA

東京大学出版会

On the Track of Wild Mammals in Taiwan
Tatsuo OSHIDA
University of Tokyo Press, 2023
ISBN978-4-13-063380-2

はじめに

本書の内容についてひとことで言及することはむずかしい。自分で書いているうちにさまざまな角度に筆が滑り、かつ滑った筆どうしが複雑に絡み合うような内容になっているかもしれない。私は素直に記したつもりであるが、かなり読みにくい内容ではとやや不安である。この部分については読者諸氏にぜひご判断いただきたいと思う。

そこで、読者諸氏が混乱・勘違いをしないように、本書の内容についてまずは大まかな解説をしておきたい。私は大学生および大学院生時代から続けて台湾の野生哺乳類（とくにムササビ類をはじめとするリス科齧歯類）の研究をしていた。そして、その後、台湾の大学に客員教員として赴任し、台湾の野生哺乳類の研究に加え、大学教育・大学院教育にも携わることになった。本書では、この一連の経緯から得られた研究成果・体験談・台湾観などをある程度の時系列で追いながら、やや乱雑に記してある。第1章では私が台湾へ赴くこととなった契機・経緯について述べ、また、第2章では台湾の自然についての概説を記した。第3章はいよいよ台湾の哺乳類のお話である。台湾には八〇種を超えるさまざまな哺乳類が分布するが、本書ではいくつかの哺乳類グループのみが選択されている。そのうえで、各グループのなかのいくつかの種がさらに選択されて説明されることになる。この選択されている哺乳類のグループや種の構成は、私が研究に携わったもの、私の共同研究者や友人・知人が研究を行ったもの、そして、私がたんに惹きつけられたものであり、まさに私を中心とした自分勝手な嗜好・趣味から成り立っている。このように、本書は台湾の哺乳類を詳らかに紹介する図鑑のような内容にはなっていない。この点をどうかご注意いただきたい。本書の構成については、第1章の最後にも述べることにする。

本書を手に取られた方は、台湾という場所に少なからず興味がおありの方であろう。台湾の歴史をここで長々と書くことはしないが、日清戦争終結から第二次世界大戦終結に至るまでの約五〇年間、日本が統治した場所である。歴史的な背景を考えると、台湾在職中に日本人として複雑な想いを抱くこともときどきあった。しかしながら、私にとって台湾はいろいろな想い出の場所である。私の最初の海外旅行は台湾であった。私の国際研究の最初の場所も台湾であった。私が初めて大学で講義や実習を担当したのも日本ではなく台湾であった。このような私の台湾在職中のお話については、第4章にさまざまな想いを込めて紹介したが、本書では書き切れない、いや書けない（哺乳類をベースとした本書ではさすがに私の生活体験まで記すと内容がはみ出しすぎてしまう）ようないろいろな体験の連続であった。本書を記しながら、溢れ出るような想い出の整理にかなり戸惑ったが、結論としては、「台湾がなければ今の私はなかった」とはっきりといい切ることができる。私は、台湾と台湾の人たちによって着実に成長させていただいた。本書を通じて、私がなにをどのように台湾から学んだのかを読者諸氏に少しでも感じ取っていただければ本望である。そして、私からの偏った情報ではあるものの、台湾に生息する哺乳類のおもしろさについても読者諸氏に知っていただければ幸甚である。

台湾動物記／目次

台湾動物記

第1章　なぜ台湾なのか——東京の高尾山から台湾の渓頭演習林へ

1　ホオジロムササビとの出会い

本書を執筆するにあたり、まず「なぜ〝台湾〟なのか」という読者諸氏からの質問が容易に予想される。これにお答えするためにも、第1章では台湾へ私が赴くことになったそもそものお話から始めることにしよう。それは、リスの仲間である「ホオジロムササビ」との出会いから始まることになる。日本のムササビは和名で「ムササビ」とも呼ばれるが、厳密には「ホオジロムササビ」である（本書では台湾産の別種のムササビたちも登場するため、はっきりわかるようにホオジロムササビと記すことにする）。一九八三年当時、北里大学獣医畜産学部（現在の獣医学部）獣医学科一年生の私は、教養部（現在の一般教育部で、神奈川県の相模原市に位置する）の生物部の一員として野外でフィールドワークの真似事に勤しんでいた。部内では観察・調査する対象生物に応じてさまざまな〝班〟が存在し、野鳥観察に出かけたり、水生昆虫を採集したり、サンショウウオの捕獲調査をしたりといろいろなことを手伝っていたが、とくに動物班という班に所属してホオジロムササビの観察に精を出していた。今ではホオジロムササビ観察の聖地としてすっかり有名になった（ホオジロムササビとあまり近しくない方にはとくに有名ではないかもしれないが）東京都八王子市にある高尾山の薬王院有喜寺境内とその周囲が私たちの調査地であった。ここで私は、樹から樹へと滑空するホオジロムササビの姿を初めて目のあたりにし、一生涯地上に降りることなく（じつはときどき地上に降りることもあるのだが……）、森林の恵みを巧みに利用しながら生きていく樹上性動物の存在を実体験として知ることになった。そして私は、このときの感動から、生涯の研究テーマとして「リス類の進化」を解明することを後々決意し、とくに、〝森林と樹上性動物の関係〟について研究を始めるのである。私は、四季を通じてまずはホオジロムササビたちの暮らしぶりをじっくりと観察してみた。当時の部員たちと一緒に生物部の活動として大勢で観察を行うことも多々あったが、一人だけで夜の薬王院にとどまることも多かった。薬王院の建物の〝縁の下〟や、薬王院へと続く道路脇に設置したテントでの生活が続き、なかなかたいへんな調査の連続であった。期末試験の前には、縁の下で懐中電灯を頼りに勉強をするような（縁の下は、泥や埃はさておき、マットを敷いてシュラフを広げるととても落ち着く〝快適な〟学習空間であった）、まさに野外調査中心のむちゃな生活ぶりであった。しかしながら、この一年間の観察経験でホオジロムササビという動物に対してずいぶん自分自身の理解が深まったという実感が持てるようになってきた。わずかながらも自信のようなものが少しずつ芽生えていったのかもしれない。ちなみに、薬王院の境内やその周囲で勝手にテントを張ったり、薬王院の建物の縁の下で寝たりすることはとても迷惑な行為であるので、読者諸氏は絶対に真似しないでいただきたい（当時も調査の都度、まずは寺務所へ挨拶をして特別に大目に見ていただいていた状況である）。四〇年前と現在とでは社会のルールが大きく異なるので、要注意である（正直、私には今の日本の社会がややまじめすぎて暮らしにくい）。

残念ながら、野生哺乳類を専門に研究されている教員は北里大学教養部には当時いなかったが、私のクラス担任の津末玄夫教授（生物学）、生物部顧問の道家健二郎助（准）教授（生物学）にはホオジロムササビの研究についていろいろな相談にのっていただいた。そして、奥井一満教授（行動学）には、当時都留文科大学文学部でホオジロムササビの生態および行動を研究されていた今泉吉晴教授を紹介していただいた。数名の部員で今泉先生の研究室を訪問し、今後の研究についていろいろなご助言をいただいたのである。今泉先生は、ホオジロムササビの生息地の分断化を防ぐために〝滑空用中継木〟をどのように植樹すればよいかといったホオジロムササビの環境保全に関する研究を先駆的に実践されていた。樹から樹へと滑空移動するホオジロムササビにとって、適当な間隔で樹が存在しないとこの移動様式が成り立たなくなってしまう（滑空はコウモリ類のような飛翔ではないため、飛ぶ距離が限定されてしまうのである）。森林が開発によって分断されてしまった状況下において、ホオジロムササビの滑空移動をどのようにヒトがサポートできるかを今泉先生の研究室では検討されていた（今泉 一九八三）。「ホオジロムササビと森をセットとして守る」という活動を学生たちと展開されており、今ではあたりまえのように語られている野生哺乳類の保全を目的とした活動の草分け的な取り組みであった。私にとっては、ホオジロムササビをたんに観察することから次のステップへとつなげる可能性について大きな刺激を受けた訪問であった。

この時分、野生哺乳類に関する勉強・情報収集も重要な私の課題であった。現在のようにインターネットで論文を自由自在に入手できるような時代ではない。大学の図書館を利用する手もあったが、蔵書に限りがあるため、読みたい論文を入手するためには他大学の図書館にコピーを依頼してしばらく待たなければいけない。そこで私は、日本にあるほぼすべての論文がそろっている国立国会図書館に通い詰めることにした。ここに置いてある分厚いインデックス冊子から「ムササビ・モモンガ（英語で flying squirrel である）」のキーワードを頼りにページをめくって論文を探し続け、ついでにいろいろな関連論文をコピーしてこれらを読み漁ったのである（この手めくり方法で見つけ出し、かつコピーできる論文は一日かけてもわずか一〇編程度であった）。ここで見つけた論文のいくつかに、〝日本哺乳動物学会誌〟（〝日本哺乳動物学会〟は後に〝哺乳類研究グループ〟と合併し、現在の〝日本哺乳類学会〟になる）と〝日本生態学会誌〟に掲載されたものがあり、勉強と情報収集のため、すぐにこれらの学会へ入会希望のハガキを出して会員となった。

大学二年生になると、北里大学獣医学科は青森県十和田市に位置するキャンパスで専門教育を受けることになる。私は北限のホオジロムササビの生態をテーマに研究ができる！　と胸を躍らせていた。東京都では見られない行動（たとえば雪中での行動など）がいろいろ見られるかもしれない。二年生からは「自然界部」というクラブ（教養部の生物部と同じような活動をしていた）に所属して数名の仲間と「ムササビ班」を設立し、いろいろな活動を開始することになるのだが、このことについて詳細に書き続けてしまうと本書の主題からはかけ離れてしまいそうである。ここで私の大学生活から台湾へと話を戻すことにしよう。

さて、留年して二回目の二年生（このような野生動物中心の学生生活を送っていれば、多くの授業をサボる羽目になり留年はつきものである。学生の読者諸氏は絶対に真似しないでいただきたい）をしていた一九八五年の夏のことであった。私は栃木県立博物館で開催された「第一回東アジア国際クマ会議」に参加したのである。今でもなぜこの会議にフラッと参加したのか自分でもわからないのであるが、青森県で、ホオジロムササビをはじめニホンモモンガやツキノワグマなどのさまざまな野生哺乳類に興味を持っていた私にとって、アジアという視点での哺乳類に対する切り口は次のステップを考えるうえでの大きなヒントであるような、とにかくいい表すことができないなにか不思議な誘い、引力のようなものを感じたのである。そして、この会議で私は今まで見たことのない美しい海外のムササビたちを知ることになるのである。

写真1　台湾産のカオジロムササビ（撮影：押田龍夫）。高雄市の檜谷（図1、標高約2400 m）で撮影。

クマのことだけをテーマにお話が進むと思いきや、このときに台湾からこの会議に参加されていた国立台湾大学森林系（森林系とは〝森林学科〟のような意味である）の郭宝章（クゥオ・パオザン）教授が「台湾のムササビ類によ る植林への被害について特別講演を行う」とのうれしいハ

写真2　台湾産のオオアカムササビ（撮影：押田龍夫）。私が9年間飼育した“アカコ”である（第3章1節「滑空性リス類——ムササビとモモンガの進化」を参照）。

プニングがあったのである。郭教授が示されたスライドには、顔が真っ白な〝カオジロムササビ（写真1）〟と全身赤褐色の〝オオアカムササビ（写真2）〟（本種の和名は後に〝インドムササビ〟に変更されるが、本書では旧和名であるオオアカムササビと表記する）の姿がしっかりと写っていた。日本のホオジロムササビとはまったく色が違う未知の生きものたちである。私は新鮮な感動に打ちのめされた。そして、アジアにはまだまだ私が知らないムササビたちがいるということがわかってうれしくなった。「アジアを相手に森林性・樹上性動物の研究を展開できたら」——生意気な留年二年生である私の夢が大きく膨らんだ瞬間であった。

2　いざ台湾へ

さっそく私は特別講演が終わったばかりの郭宝章教授をつかまえてお話をうかがってみた。郭教授は日本統治下の台湾で日本の教育を受けられたそうで、また九州大学に留学されて、〝クリハラリス〟（第3章でくわしく紹介する）による森林への被害に関する研究をテーマに農学の博士号を取られており、日本語での会話は流暢であった。これまでに私が調べてきた日本のホオジロムササビとの違いなどをいろいろとたずねたのであるが、台湾での研究は、純粋な行動生態学というよりも、おもに植林（とくにスギ）へのムササビたちの被害をどのように防ぐかに限られていることに気がついた。実学に徹底した内容に偏っており、ムササビたちの全体像がどうもはっきりとはつかめてこない。「よし！　これはひとつ自分で出かけてムササビたちの調査をしてみよう！」私はすぐにそう決意して、郭教授にお願いしたところ、「台湾大学の〝渓頭演習林〟でオオアカムササビとカオジロムササビを見ることができますので、どうぞおいでください。訪問前に連絡をくださいとのお返事をいただいた。

現在のようにe-メールを送ればいつでも連絡ができるという時代ではない。第一回東アジア国際クマ会議の一カ月後、エアメールに訪問予定に関する文章を手書きでしたため、郭教授へ送ったのであるが、数週間待ってもいっこうに返事がこない。そこで私は失礼にも突然の訪問を決意し、二回目の二年生終わりの春休みに、北里大学生物部時代の先輩の白川教人氏と一緒に、初めてアポなしで台湾を訪れることになる。台北市にある国立台湾大学森林系の郭教授の研究室をたずねてみると、当時の郵便事情もあったのであろうか、私からのエアメールは届いていないことが判明した。しかしながら、郭教授は私たちの突然の訪問を大歓迎してくれた。私たちは、郭教授の大学院生の案内で、台湾の中部の渓頭（図1）に位置する台湾大学渓頭演習林へと向かった。台北からバスを乗り継いで約六〜七時間ほどの旅であった。当時の渓頭は台湾のハネムーンの名所となっており、また、タケノコが名産でとてもおいしかった。私はこの渓頭に三日間ほど滞在し、初めてカオジロムササビ、そしてオオアカムササビの姿を目にすることに成功した。滑空するオオアカムササビ、〝タイワンフウ〟という樹の葉を食べるカオ

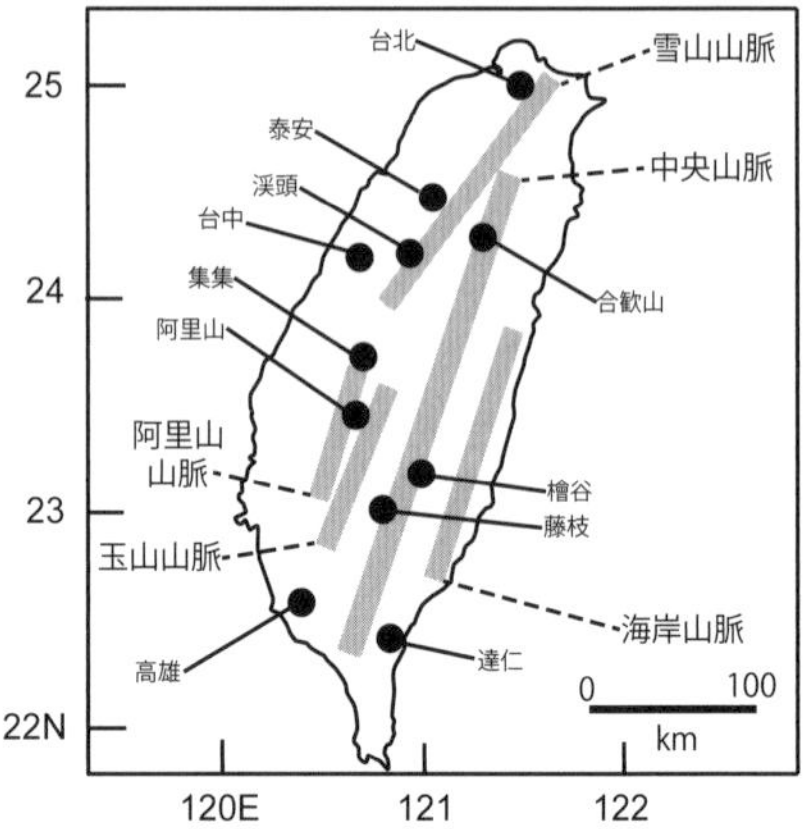

図1　台湾の山脈および本書に関連する地名。

ジロムササビの姿はとても印象的であった。私は、東アジア国際クマ会議の発表スライドで眺めた台湾のムササビたちとの感動の直接対面を果たしたのである。この大学二年生の終わりの最初の訪問が、私と台湾との長い関係を決定づけることになった（台湾のムササビたちと私との長いつきあいについては第3章でくわしく述べることにする）。

さて、ここで台湾のムササビたちの〝和名〟についてひとこと注意を記しておきたい。私は〝カオジロムササビ〟と〝オオアカムササビ〟（すでに述べたが、後に〝インドムササビ〟に分類が変更される）と本書で書いているが、じつはこれらは正確ではない。両種とも分類上の位置づけが近年変更され、現在ではカオジロムササビ・オオアカムササビ（インドムササビ）とは呼称できないことになっている（私のほうですでに新和名の案を提唱しているが、まだ使用できる和名が定まっていないのが現状である）。そこで本書では（使用できる正しい和名がないので）、あえてこの旧和名を使用することにする。不正確な表現となってしまうことを読者諸氏に予めお断りしておきたい。

本書は、このように私自身の勝手な体験談を多分に含めた内容で構成されているが、台湾に生息する野生哺乳類の全体像について、私なりの視点から紹介させていただきたい。最初にお断りしておくが、本書では、私自身がこれまでに報告した論文を随所に引用しているものの、論文の掲載年は私の体験年と必ずしも時間が一致していない。体験はある程度時系列に沿って記すが、その都度引用する論文は、作成時の試行錯誤で時間軸がバラバラである（論文は、完成までに長期間を要したもの、短期間でさっと完成したものなどまちまちである）。この点をまずはご注意いただきたい。また、台湾には現在八〇種以上の野生哺乳類が生息しており、これらをすべて紹介することは、本書の頁数および私の能力の限界をはるかに凌駕する大仕事である。先ほど〝野生哺乳類の全体像〟と書いたが、これはすべての種を網羅するということではなく、ある傾向を述べるという意味である。台湾のすべての哺乳類をご覧になりたい方には、本書がやや物足りない内容となってしまうことを最初にお詫びしておきたい。

本書が私の個人的な趣味・興味にかなり偏った内容になってしまうことを覚悟しつつ、台湾の野生哺乳類を研究対象に含めて学士論文と博士論文を仕上げ、かつ日本人の哺乳類研究者として初めて台湾の大学で教鞭を執ることになった私のわずかながらの体験をお伝えすることで、これから哺乳類研究の道を志す若い方々、そして台湾に興味を抱かれている一般の方々の一助になれば喜ばしい限りである。

第2章　台湾の自然――その成り立ちと特徴

1　地史――いつ形成されたのか

日本列島の南西に位置し、面積約三万六〇〇〇平方キロメートル（九州とほぼ同じ面積）の島嶼である台湾は、いつごろ、どのように生まれたのであろうか。台湾はその地史を通して大陸からつねに離れていた孤島ではない。ユーラシア大陸南東部（中国の南東部）と地続きになったり離れたり、そして、日本の南西諸島ともつながったり離れたりを繰り返していたと考えられている。これらの地理的変動は当然のことながら現在、台湾に分布する多くの生物種に大きな影響を与えている。そこで、台湾に生息する哺乳類について語る前に、まず彼らを載せている大きなお盆（台湾）の歴史（地史）について簡単に話しておこう。

環太平洋造山帯に属する台湾は、ユーラシア大陸の東方に連なる日本列島も含めたアーチ型島嶼部のほぼ中央に位置する。台湾誕生の正確な年代は現在のところまだわかっていないが、研究者による見解の相違はあるものの、およそ一〇〇〇万年前から五〇〇万年前の間であると考えられている。数十億年という地球の歴史のなかにあって非常に若い島の一つであることは確かなようだ。フィリピンプレートがユーラシアプレートに衝突した際、ユーラシアプレートが部分的に押し上げられた結果、海底より顔を出したのが台湾という島なのである。

台湾が日本の南西諸島と地続きであった時期については諸説があり（Ota 1998）、ここで簡単に記述することはむずかしいが、ユーラシア大陸とは中新世（約二三〇〇万年前から約五〇〇万年前の間）のある時期には陸続きであったと考えられている。現在、台湾と大陸を隔てている台湾海峡の深さは平均約一〇〇メートル以下で、氷期において海水面が下降したとき、容易に陸地と化す程度の深さである。それ以降の更新世（約二五〇万年前から約一万〜二万年前の間）において、大陸と台湾との接続・分断は氷期と間氷期の反復にともなって繰り返され、現在の姿として完全に隔離されたのは最終氷期以後（およそ一万六〇〇〇年前ごろ）であると考えられている（図1）。

ここで台湾海峡から発見される哺乳類の化石について簡単に説明をしておこう。台湾本島から西に五〇キロメートルほど離れた〝澎湖諸島〟と台湾本島との間の海峡（澎湖水道海域）からは、漁業者の底引網でさまざまな哺乳類の化石が引き上げられている（もちろん化石の採集調査を目的に底引網を入れているわけではないが、魚と一緒に化石が上がるのである）。これらの化石を精力的に調べているのが、台湾の国立自然科学博物館地質学部門主任の張鈞翔（チャン・ツーシャン）博士である。張博士の研究グループは、これまでにゾウ類、シカ類、ウマ類、ヒグマ、タヌキ、トラ、そしてハイエナなどの化石を海峡から記録しており（たとえば、Ho *et al.* 1997）、これらの哺乳類は台湾海峡が陸地化していた時代に、そこに分布していたものであると考えることができる。さらに張博士は、台湾東海大学生命科学系の林良恭（リン・リャンコン）博士や日本およびオーストラリアの研究者との共同研究プロジェクトで、この海域から〝澎湖原人〟の下顎骨の化石を発見する（Chang *et al.* 2015）。この原人（性別まではわからなかったが〝澎湖1号〟と名づけられた）の化石は、およそ四五万年前から一九万年前のものであると推定されており、それ以前にアジアで発見されている北京原人、ジャワ原人、フローレス原人と比べると顎や歯がより大きいことが判明した。この結果は、現在のヒトがアジアに分布を広げる前に、原人類がいくつかの系統に分かれていたことを示す証拠かもしれないと考えられている（Chang *et al.* 2015）。このように、台湾海峡は台湾を含めたアジア産の哺乳類の進化的歴史を考える際に大切な情報を提供してくれる場所の一つなのである。

2　地勢——山脈と河川

次に台湾の地勢を見てみよう。台湾の地勢の最大の特徴は、〝山地が多いこと〟である。台湾の平均海抜は約六六〇メートルで、山地および丘陵部の占める割合は台湾全土の七〇パーセントにもおよぶ。そして驚いたことに、海抜三〇〇〇メートルを超える高山が二〇〇個以上も存在するのである。このような島は世界的にも類例がない。この山地の存在こそが台湾の自然をいっそう複雑かつ興味深いものにしているのである。さらにおもしろいことに、台湾の山々はデタラメに存在しているわけではない。台湾には五大山脈と呼ばれる五つの大きな山脈があり、これらは多少方向のズレはあるものの、そろって南北方向へと走っている。中央山脈は台湾を東西に区切る最長の山脈である。その西側には、北部に雪山山脈、中部に阿里山山脈、南部には台湾最高峰の玉山（海抜三九五二メートル）を擁する玉山山脈が連なり、南東側海岸部には海岸山脈が位置する（図1）。中央・雪山・玉山は多くの高山を有する山脈で、海抜三〇〇〇メートルを超えるすべての山がこれらに含まれる。これら五大山脈を合わせた広い地域は中央山地と呼称されるが、これ以外にも台湾の北西部には大屯火山群が広がっている。

中央山脈は、台湾の山脈のなかでもっとも多くの高山を有し、台湾の主要河川はここより源を発して台湾海峡および太平洋へと注いでいる。すなわち台湾のおもな河川は、山脈が南北に走行するのに対して、東へあるいは西へと流れているのである。

南北に連なる海抜三〇〇〇メートルを超える山々、そして東へ西へと流れる主要河川……こういった特殊な地形によって、多くの哺乳類はその移動および分布になんらかの影響を受ける結果となった（あるいはなっている）のかもしれないと想像をめぐらすことができる。この想像がはたして正しいかどうか。この地形と絡めた哺乳類の分布に関する問題を本書では後に中心的なテーマとして取り上げることにする。

3　気候——熱帯から亜寒帯まで

台湾の気候は前述した地形の影響を受けて非常に複雑である。台湾島をお盆のような平面と考えた場合、台湾南部を通る北回帰線を境に北部を亜熱帯気候、南部を熱帯気候とする単純な分け方がまず可能であるが、七〇パーセントもの地域が山地である台湾において、この気候区分は実際のところまったく役に立たない。多くの人々が住んでいる台湾の平野部では、暑い夏季には長い雨季があり湿度が高くなる。春季および秋季は短く、その存在すら明瞭ではない。冬季は乾燥し雨がほとんど降らない。これらは確かに亜熱帯気候域の特徴であるかもしれない。しかしながら、山地の気候は平野部とはかなり異なってくる。とくに海抜二〇〇〇メートルを超えるエリアでは、温帯域のような春季と秋季がより明瞭に現れ、冬季の冷え込みも厳しくなる。台湾の気候を真に理解するためには、海抜に応じて気候帯を垂直に設けなければならないのである。すなわち、低地が亜熱帯域および熱帯域、海抜およそ一〇〇〇〜三〇〇〇メートルの範囲が温帯域、そしてそれ以上となると亜寒帯域となってくる。

台湾の植生も当然これに応じて多様となってくる。低地では亜熱帯で見られる自生バナナやシダ類、ヤシ類などが普通に目につく。山地に入ると、ツガ、スギ、マツなどの針葉樹、そしてカシやミズナラといった広葉樹が見られ、温帯林の様相を醸し出してくる。さらに森林限界を超える高山へ登るとそこには草本やマツの低木のみが見られ、日本の高山でも見られるような亜寒帯的な風景となる。

このような複雑な気候・植生は、当然のことながら哺乳類の分布をさらに複雑なものとする。これについても第3章の各論で述べることにしよう。

4 動物——多様な哺乳類

現在、台湾には八目一九科、およそ八〇種以上の哺乳類が分布・生息する。日本に生息する哺乳類がおよそ一二〇種であることを考えると、九州と同じくらいのエリアにいかに多様な哺乳類種が存在するかを理解できるであろう。台湾は、前述のように若い島であるため、現在の台湾で見られるすべての種は移住してきたものであるが、それでも少なくとも一九種は、台湾に移住してから特有な進化を遂げた台湾固有の種である。本書の中心的な課題である「台湾の哺乳類の歴史」とも絡んでくるが、現在のアジア全域における哺乳類の分布に鑑みて、台湾の哺乳類は大きく次の五つのカテゴリーに分けることができる。しかしながら、これらはあくまでも大雑把な区分であり、たとえば次の①と②などは明瞭に区別できない種も存在することをひとことお断りしておきたい（本書では、このカテゴリー分けに準じた記述はあまりしていない）。

①近縁種あるいは同種が中国南部から台湾にかけて分布するグループ――オーストンカオナガリス、タイワンホオジロシマリス、タイワンノウサギ、トゲネズミなど。

②近縁種あるいは同種がインドシナ半島から台湾にかけて分布するグループ――カオジロムササビ、ケアシモモンガ、クリハラリス、ウンピョウ、ミミセンザンコウなど。

③近縁種あるいは同種がインドから台湾にかけて分布するグループ――サンバー（スイロク）、マングース、オオアカ（インド）ムササビ、ジャコウネコ、スンクスなど。

④近縁種あるいは同種が中国東北部・韓国・日本から台湾にかけて分布するグループ――タイワンモグラ、ワタセジネズミ、ベンガルヤマネコ、タイワンツキノワグマ、ニホンジカ、タイワンカモシカなど。

⑤近縁種あるいは同種がユーラシア大陸一帯に広く分布し、台湾でも見られるグループ――ユーラシア

カワウソ、シベリアイタチ、イイズナ、イノシシなど。

次に生息環境に視点を変えて、台湾の哺乳類を前述のような垂直な気候帯にもとづいて見てみると、大きく次の四つのタイプに分けることができる。これらについても、厳密ではない大雑把な区分であることをひとことお断りしておく。便宜上海抜を区切って記したが、これを多少超えてしまうような分布記録がさまざまな種で認められる（しかしながら、分布の中心的な範囲についてはこの海抜区分で概ねまちがいない）。

①低海抜（海抜五〇〇メートル以下）に生息するグループ——亜熱帯林、およびヒトの生活環境（水田、畑地、果樹園など）に生息する種であり、おもなものとしてはスンクス、ドブネズミ、アブラコウモリ、クリハラリスなどをあげることができる。

②中海抜（海抜五〇〇～二〇〇〇メートル）に生息するグループ——中海抜には常緑広葉樹林が発達し、哺乳類相はもっとも豊かである。キエリテン、ベンガルヤマネコ、そしてネズミ類、リス類、トガリネズミ類もこの環境でもっとも多くの種が見られる。

③準高海抜（海抜二〇〇〇～三〇〇〇メートル）に生息するグループ——準高海抜にはヒノキ類、マツ類などの針葉樹林と広葉樹が混在する。タイワンツキノワグマ、サンバー、カオジロムササビ、タイワンカモシカ、タイワンザルなどが生息する。

④高海抜（海抜三〇〇〇～三六〇〇メートル）に生息するグループ——大きな木はなくなり、冷杉や雲杉といった低木と草原のみの単調な景観となる。この地域に生息する哺乳類種は少なく、キクチハタネズミ、ケムリトガリネズミなどが代表的な種である。

台湾の哺乳類を真に理解するためには、まず現在の分布パターンにもとづいていくつかのグループ（哺乳類群）を想定し、そのグループ内、さらにはグループ間の相違・類似性などを議論する必要があるだろう。このグループ検証に関する知見および考察も本書で扱うテーマの一つではあるが、前述のとおり、すべての種を網羅して説明することはむずかしい。たいへん恐縮ではあるが、かいつまんでの説明となってしまうことを読者諸氏にはご容赦いただきたい。

さて、これまでの説明で、読者諸氏には台湾の自然の複雑さ、そしてそこに生息する哺乳類の複雑さを感じ取っていただけたのではないだろうか。次章からは、いよいよ台湾の哺乳類の自然史について各論的な紹介をしたい。私の専門であり、自身で研究を行ったリス類については多くの頁を割くことになることをご了承いただきたい。リス類は森林にもっともよく適応を遂げたグループであるため、台湾の森林性哺乳類の代表的な存在であると私は考えている。そして、ほかのグループについても次章で紹介をしているが、最後に紹介する〝鱗甲類（ミミセンザンコウ）〟を除いて、いずれも私がなんらかの形で携わった、あるいは私の研究関係者が実施した研究ばかりである。インターネットが発達し、あらゆる情報をバーチャル的に得ることができるような世界づくりが進んでいる。真偽を判別することすらできない玉石混交の膨大な電子情報が毎日のように時空を超えて飛び交っている。その是非については私にはわからない。しかしながら、少なくとももはや私には追いついていけない世界であることは確かである。そして、最近では追いつくことにとくに興味がないと感じるようになった（私の歳のせいかもしれない）。そんな最中、今こそ実際の経験以上に大切なものはないのではないかと最近つくづく感じている。この私の想いから、次章では、哺乳類研究の結果だけではなく、これらに私が絡んだ過程や雑多なエピソードを含めて各論を紹介することにする。第1章でも少し触れたが、読者諸氏に生の体験の大切さを少しでも感じ取っていただければ幸いである。

第3章　台湾の哺乳類——多様な自然史

1　滑空性リス類——ムササビとモモンガの進化

台湾産ムササビ二種の研究が始まった

第1章、第2章とやや前置きが長くて恐縮であったが、いよいよ本書の哺乳類についての内容の始まりである。ここでは第1章の続きである二種のムササビたちの話をまず紹介したい。

台湾に生息するオオアカムササビ（中国語では〝大赤鼯鼠〟と書く）は、三〇〇メートルほどの低海抜から二二〇〇メートルくらいまで（中海抜）の森林に生息する。腹部が淡い褐色で、頭部・背部・尾部は暗赤色（まさに〝蘇芳色〟）である（写真2）。この独特の深みのある〝赤さ〟は日本の哺乳類の毛色では見られない。日本のみならず、温帯や亜寒帯に分布する哺乳類の毛色ではないのである。哺乳類の進化の過程で、なぜこのような毛色がつくられたのだろうか。私は初めて本種を見たときから今まで考えているが、この理由は謎である。そして理由はわからないが、とにかく私を魅了してやまない美しい毛色なのである。もう一種のカオジロムササビ（中国語では〝白面鼯鼠〟と書く）は、海抜約一〇〇〇メートルから三五〇〇メートル近い高山（準高海抜）の森林に生息する。頭部と腹部は白色、背部や尾部はオオアカムササビとほぼ同様の暗赤色である（写真1）。美しい〝蘇芳色〟に、純白の頭部・腹部が合わさることにより、二つの色がたがいに引き立て合う効果が生まれる。オオアカムササビでも謎のままである毛色の神秘が、このカオジロムササビによってさらに深化してしまう。この毛色のコントラストにはなんの意味があるのだろう。謎が謎を呼ぶムササビたちの毛色である。私にとって、台湾のカオジロムササビは、〝世界で一番美しい哺乳類〟となっている。台湾の山中で夜間本種に出会うと闇夜に現れた、さながら精霊を見つけたような印象である。

ムササビたちは、おもに前肢と後肢の間に発達した飛膜構造を用いて樹から樹へと滑空をする。樹上性、そして夜行性であり、昼間はおもに樹洞の巣のなかで眠っている。両種ともほぼ同程度の大きさで、頭胴長（これは哺乳類の鼻先から肛門部までの長さで、厳密な計測方法が決まっているが、本書では専門的な説明は省く。読者諸氏にはヒトの座高のようなイメージでとらえていただきたい）は約四〇～五〇センチメートル、尾長は約四〇センチメートル、体重は八〇〇～一〇〇〇グラム程度である。ムササビたちが巣として利用する樹洞は、すなわちこの身体サイズがすっぽりと収まるものでなければならず、必然的にある程度の大径木の存在が不可欠となる。食物としてさまざまな樹種を利用し、葉・芽・花・果実など採食する部位もさまざまである（Kuo and Lee 2003）。しかしながら、主食となるものはおそらく葉、あるいは葉芽であり、旬の食物として利用可能な花・花芽・果実などを主食と一緒に利用するようなイメージで私は彼らの〝食卓〟をとらえている（写真3、写真4）。

一九八五年の秋、当時大学二年生の私は日本哺乳動物学会の大会で、弘前大学農学生命科学部（当時

写真3　葉を食べるオオアカムササビ（撮影：押田龍夫）。宜蘭縣の福山植物園（標高約650 m）で撮影。

写真4　サクランボを食べるカオジロムササビ（撮影：押田龍夫）。高雄市の藤枝（図1、標高約1600 m）で撮影。

は〝理学部〟であった）の小原良孝助（准）教授のグループの発表を目のあたりにする（偶然にも前述の「第一回東アジア国際クマ会議」に参加した直後のことであった）。染色体を用いた核型進化に関する研究である。ネズミ類、トガリネズミ類、イタチ類などの系統進化が、染色体の特徴にもとづいて興味深く検討されており、遺伝物質をマーカーとして用いた進化研究のお話に初めて生で接した瞬間であった。当時の私にとって、小原先生グループの一連の研究はほんとうに新鮮かつ強烈な刺激であった。この当時、DNA塩基配列を用いた系統進化の研究は現在のようにメジャーにはなっておらず、実際の研究で用いることは設備・技術・予算のすべてにおいて私にはまだまだ困難であった。一方、染色体を用いた研究は、細胞の培養ができ、顕微鏡があれば可能であり、当時実習で普通に顕微鏡を使うことができていた私は「これはできる」と考えたのである。このときの私の脳裏には郭宝章（クゥオ・パオザン）教授のスライドで見た台湾産ムササビ類の姿が焼きついており、そして一つの大きな疑問が渦巻き始めた。それは「日本のムササビと台湾のムササビの毛色はぜんぜん違うが、どの程度進化的に異なっているのだろうか」というきわめて単純な（幼稚な）素人発想のものであった。台湾のムササビと染色体という二つの刺激が私のなかでゆっくりと融合していった。野山を闇雲に駆けずり回ることしかしていなかった私が、初めて実験室での仕事、さらに、進化という大それた命題を考えたのがこのときである（まさかこのときの発想がその後の仕事のすべてにつながってくることになろうとは当時の私には知る由もない）。私は「ぜひ弘前大学理学部でムササビの研究をしてみよう！」と考えたのである。

翌年、私は小原先生の研究室を訪問し、「ムササビ類の系統進化について染色体を用いた研究を始めたい」というお願いをしたのである（北里大学獣医学科と弘前大学が同じ青森県に位置していたのも、今にして思えばあまりにもできすぎた偶然であった）。小原先生は降って湧いたように現れた私にとても親切に接してくださり、「まずは技術の習得から始めましょう」といってくださった。実験動物のラットを使って骨髄細胞から染色体標本をつくって染色をしてみましょう。大学四年生の春から、私は小原先生の研究室（組織改変のため現在は存在しないが、当時の弘前大学理学部生物学科系統及び形態学講座である）にうかがって、まずは染色体標本を作製する技術についてゼロから学ぶこととなった。小原先生自らに実験をご指導いただいたが、当時修士一年生だった小野教夫氏（現理化学研究所専任研究員）にはたいへんお世話になった。染色体標本作製技術は、付け焼き刃で修得できるものではない。私はその後DNAを用いた実験をおもに行うようになるのだが、正直、きれいな染色体標本を作製し、そのうえで明瞭な分染像（バンドパターン）を得ることは、DNA分析技術をはるかに上回るむずかしさであった。このバンドパターンとはなんであろうか。染色体はタンパク質（おもにヒストン）とDNAから構成されるが、その構造は均質ではなく、タンパク質分解酵素やアルカリ溶液で処理をした後、細胞用の染色液（ギムザ溶液）で染めると縞模様（バンドパターン）が得られ、これにもとづいて各々の染色体を識別することが可能である。そして、明瞭なバンドパターンを得るためには、機械的な実験操作ではなく、手探りの職人的な技術が必要なのである。

十和田市に位置する北里大学獣医畜産学部から週に一回、約二時間半の時間をかけて車で弘前市まで出かけ、実験をして戻ると深夜になっていた。大学四年生であったので、当然のことながら講義や実習も多く、この時分はかなり疲れながらもがんばっていた（いくつかの単位は履修をあきらめ、単位取得は再試験に賭けるような危ない橋を渡っていた。若い学生の読者諸氏は絶対に真似しないでいただきた

写真5　オオアカムササビとカオジロムササビの襟巻き（撮影：押田龍夫）。

い）。そして、同時に台湾大学の郭宝章教授にエアメールを送り、「台湾産のムササビ二種を生きたまま捕獲できないか」を相談していた（ありがたいことに、郭教授は台湾の狩猟関係者やペット業者をすぐに捜してくださった）。染色体標本は死んだ動物の細胞からは作製できない。リンパ球、骨髄細胞、皮膚や肺の線維芽細胞などの細胞分裂が活発な生きた組織が必要なのである。

大学四年生の秋に台湾の郭宝章教授から待望のエアメールが届いた。カオジロムササビとオオアカムササビを一匹ずつ入手できたといううれしい知らせだった。当時、台湾のムササビたちはスギなどの植林に被害をおよぼす害獣として駆除され、また、台湾の観光地として有名な〝阿里山〟（図1）の土産物屋にはムササビの毛皮の襟巻き（写真5）が並んでいるような状況だったので、ムササビ類の入手は比較的容易であった。郭教授に電話をすると、台湾のペット業者が販売しているのを購入予約したので、すぐに買い取りにきてほしいとのことであった。念のために記しておくが、郭教授のご助力で、私は台湾の農業委員会からムササビ類の輸出許可証をいただいた。もちろん日本の空港では動物検疫所には行かないといけなかったが、このころ、日本への生きたムササビ類の輸入はとくに厳しく制限されているわけではなかった。しかし、現在は野生哺乳類の輸出・輸入にはいろいろな法的制約が課せられているので、読者諸氏にはどうか十分にご注意いただきたい。郭教授からエアメールを受け取った私は、講義も実習も放り出して青森県から当時実家のあった神奈川県まで車を飛ばした。片道一二時間の距離であったが、まったく苦にならなかった。まずは神奈川県で一泊し、翌日成田空港から飛行機に乗って再び台北へと向かった。台湾大学に着くと、郭教授の研究室にカオジロムササビとオオアカムササビを一匹ずつカゴに入れたペット業者がやってきた。初めて間近で接する台湾産のムササビたちは、すでに述べたとおり、ほんとうに美しい毛色であった。ムササビたちを受け取り、カゴに入れた状態でホテルに持ち帰ったのであるが、このまま両手にムササビの入ったカゴをぶら下げて歩くのは大問題である。ムササビたちの糞尿を撒き散らしながら、空港の税関を無事に通れるとはとても思えない。あまりにも急いで出立したため、私はほとんどマトモな運搬準備なしで台北にきていたことにハッと気がついたのである。大失敗であったが、こういったときの切り替えが調査や研究では大切である。この夜、台北市で一番の繁華街である西門街を一人で数時間歩き回り、ムササビを入れたカゴがすっぽり収まるキャスターつきのカバンをようやく購入し、ムササビ運搬の体制をなんとか整えることができた。余談であるが、台湾のホテルでムササビたちと過ごした最初の夜は、ゴキブリの襲来でたいへんなことになった。夜になって電気を消すと、ムササビたちのカゴからザワザワと妙な音が聞こえてくる。餌としてリンゴを与えていたのであるが、餌のリンゴの食べ残しに十数匹のゴキブリが集まっていたのである。私はスリッパを片手に応戦し、けっきょく一時間近くゴキブリ退治をする羽目になってしまった（ゴキブリホイホイも日本から持参すべきだったかもしれない）。

このようにゆとりがまったくないドタバタ台湾旅の私に優しく接してくれたのが、郭教授の友人で、同じく台湾大学森林系の廖日京（リャオ・リージン）教授だった。やはり日本統治下で日本語での教育を受けており、日本語の会話がとても流暢であった。私の短い台湾滞在中に〝淡水〟という海辺の街へ連れて行ってくれたり、また、映画鑑賞にも誘ってくれた。一緒に『ラストエンペラー』を観たのであるが、読者諸氏もご存じのとおり、これは満州国設立とその崩壊のお話である。日本がかつてアジアで暗躍した生々しい歴史がそのまま表現されており、中華系の人々には許しがたい内容の歴史映画であろう。映画館のなかでおそらくたった一人の日本人だった私は、坂本龍一演じる日本陸軍の甘粕正彦のセリフ（確か「アジアは日本のものだ！」といった大層なファシズム演説だったと思う）に肝を冷やした。この時代の台湾の映画館では、上映の前にまず国歌斉唱があり、全観客が起立してみなでまじめに国歌を歌うのである。今では考えられないことであるが、当時の国民党の政治姿勢などが背景にあった国家主導のセレモニーだったのだろう。もちろん私も直立不動の姿勢をとり、斉唱される国歌に聴き入った（私はさすがに歌は知らなかった）。もう二度とすることができない、旧き台湾での貴重な私の体験の一つである。政治学者でも歴史学者でもない私には、このセレモニーの真相がなんであったのかはわからないが、台湾の近代文化については〝日本台湾学会報〟などの雑誌およびさまざまな書籍が出版されている。本書の内容から著しく逸脱する内容であるためここではこれ以上記さないが、興味がある方は、ぜひご自身でこのような出版物をお調べいただければと思う。

廖日京教授は、自身で書かれた台湾の樹木図鑑（上・下二巻にわたる『樹木学』というタイトルの本である）を私にプレゼントしてくれた。中国語で書かれた本であったが、台湾の樹種がほぼ収録されており、私は本書で台湾産ムササビたちの採食物をじっくりと確認することができた。森林性・樹上性の哺乳類をよく知るためには、やはり森林を構成する樹木を学ぶ必要がある。インターネットの情報がなにもない時代である。廖教授からのプレゼントは当時の私にとってほんとうにうれしい貴重な情報源であった。そして、私が考えさせられた廖教授の言葉がある。「押田さん、世界のすべてのものが相対的であることにいつか気がつきますよ」のひとことである。私は最近ようやくこの言葉の意味がよく理解できるようになってきた。上っ面の理解はできる言葉であるが、実際の体験と結びつけて心から理解することはなかなかむずかしいかもしれない。研究を実施する際に、相対的に比較をすることは大切である。実験では、通常適切な対照群（コントロール）を用意し、これを自身の実験結果と比べることで初めて客観的な議論を展開することができる。自身のデータの位置づけが相対的にわからなければ、科学的になにかを論じることはむずかしいだろう。そして、〝すべてのものが相対的〟とは、すべてをだれかと比べて競い合うような陳腐な意味ではなく、一つのものでも見方・立場をさまざまに変えて眺めてみるといろいろと異なっている（異なった発見がある）という意味だと私は解釈している。今では廖教授の言葉はほんとうにそのとおりであったと実感している。二〇代のころのただがむしゃらに突っ走るだけだった私に対する廖教授からのとてもありがたいアドバイスであった。

さて、日本に戻るや否や、私は車を飛ばして青森県に台湾のムササビたちを連れ帰った。台湾のペット業者のアドバイスに従い、餌にはヒマワリの種、リンゴなどを与えていたが、やはり飼育はむずかしかった。帰国後わずか一週間ほどで二匹のムササビが相次いで死んでしまった。飼育に関する知識も経験もなかった私の最初の大失態である。オオアカムササビは、わずか二日ほどで死んでしまったため、細胞培養をすることができなかったが、それでも死体から骨髄細胞を抽出し、無事染色体標本を作製することができた。カオジロムササビはやや長めに生きていてくれたので、培養液を準備し、死亡後に肺線維芽細胞およびリンパ球の培養を行い、きれいな染色体標本を作製することができた。まだまだ技術が未熟で無菌操作に慣れていなかった私の代わりに、小原先生がこれらの細胞培養を行ってくださった。このときの先生の多大なサポートには今でも深く感謝している。

私は、カオジロムササビの染色体標本を作製し、その特徴を詳細にまとめ、小原先生のご指導のもと、大学五年生のときに初めて青森県生物学会、そして日本哺乳類学会にて口頭発表を行った。最近の学会発表ではポスターによるものがかなりの数を占めるが(演題数の増加による傾向の変化であろう)、この時代の発表はすべて口頭で行うのがあたりまえであった。カオジロムササビの染色体に関する新知見は、私にとっては大きな収穫であったが、もちろん学術的にさわがれるほどの大発見ではない。しかしながら、初めての学会での口頭発表はとてもよい経験となった(発表に対する質問にはかなりシドロモドロで答えたやや苦い記憶があるが、さすがにその内容までは憶えていない)。

この年、私は北里大学で〝実験動物学研究室〟に分属した。学部五年生から卒業研究のテーマを決めて本格的な研究活動の開始である。今では広く知られている学術分野であるが、実験動物学は、当時の獣医学領域で新しいものの一つであり、北里大学では専門の実験動物飼育棟を建設し、その教育と普及に努める体制に入っていた。教授の紺野悟先生は病理学がご専門であったが、研究室分属が決まった私は、紺野先生に「ムササビ類の染色体進化をテーマに弘前大学へ出向して卒業論文を仕上げたい」とい

う お願いをしにいったのである。当時の北里大学獣医学科では、野生動物を本格的に扱って卒業論文を仕上げたという前例はなかった。なにより研究室に分属が決まるや否や他大学に出向したいというのも失礼極まりないお話である。まず叱られて終わりだろうと覚悟をしていたのであるが、紺野先生は私の厚かましいお願いを考慮してくださり、私は小原先生のところへ出向して卒論をご指導いただくことになった（小原先生は私の勝手なお願いをこのときも快くお引き受けくださった）。この年が定年であった紺野先生の後任として赴任された佐藤博教授（神経病理学がご専門）も私のわがままを引き続き聞いてくださり、ムササビ類の研究、弘前大学への出向を快く許可してくださった。

こうして卒業研究を弘前大学で行うための体制が整った。あとは研究の中身をどのようにするかである。私は当初の目的どおり「台湾産および日本産ムササビ類の系統関係」について染色体を用いて明らかにしたかった。しかしながら、日本産のホオジロムササビの採集で大きくつまずいてしまった。台湾のように専門の狩猟者がおらず、採集をスムーズに行うことができなかったのである。そんな最中、私の脳裏に「台湾産ムササビ二種を日本産ホオジロムササビと比べて系統を議論することに、はたして学術的意味があるのだろうか」という素朴な疑問が湧き上がる。台湾のムササビたちは、第2章で述べた分布カテゴリーの②および③に相当する。亜熱帯台湾に生息するムササビたちは、その起源かもしれない大陸南部のムササビたちと比較して初めて系統の流れをとらえることができるのではないだろうか。このように考えた私は日本のペット業者から「ラオスから輸入されたオオアカムササビ」を購入することになる。異なった地域に生息する亜種関係のオオアカムササビを染色体で比較するという絶好の機会の到来である。「ラオスからのオオアカムササビ」はこのときになぜか偶然輸入されて販売されていたもので、またしても私は妙な運命に助けられることになったのである（当時は海外から輸入されたさまざまな小動物が販売されており、エキゾチックアニマルブームでもあった）。しかしながら、このラッキーには後日談がある。私はこのムササビを「ラオス産オオアカムササビ」として学会やシンポジウムなどで発表しているが、後にラオスを中心に哺乳類の研究をされていた知人のジョン・ダックワース博士から、ラオスにはこの当時エキゾチックアニマルのペットマーケットが存在しており、ラオス以外の東南アジアから輸入されたものがたまたま扱われていただけかもしれないという注意を受けた（Duckworth *et al.* 1999）。ラオスにも本種が生息することが近年明らかにされているが（Sanamxay *et al.* 2014）、私が入手したものはラオス産ではなく、東南アジアの別の場所で捕獲されたものである可能性が高いと考えている。ムササビの採集地について、いずれ自分の研究結果を訂正しないといけないことになるかもしれないが、本書では〝東南アジア産オオアカムササビ〟と記すことにする。

さて、台湾産のオオアカムササビ・カオジロムササビに続いて東南アジア産のオオアカムササビの染色体標本を作製し、これら三者を比べてみて私は驚いた。染色体のバンドパターンの特徴では、東南アジア産オオアカムササビと台湾産カオジロムササビがきわめて似ているのである。亜種関係にあるとされていた台湾産オオアカムササビはこれらとは大きく異なり、すなわち、「台湾産カオジロムササビは、台湾に同所的に生息するオオアカムササビではなく、東南アジアに生息するオオアカムササビに近縁である」という系統学的解釈をせざるをえなかったのである。この結果から私は、台湾のみならずムササビ類全体の系統関係、そして分類そのものがじつはまったくわかっていないことに気づかされたのである（このような背景があって、第1章でも述べたが、台湾産のオオアカムササビは、後日〝インドムササビ〟という種に分類されることになる)。研究の世界ではよく起きることであるが、なにかを知ろうとして行った調査や実験が、けっきょくそのことを解明するのではなく、さらに謎を深めるだけの結果で終わってしまったのである(私の研究は、これ以後ずっとこの連続であるが……)。私はこの三者の系統関係を卒業論文としてまとめ、さらに内容を吟味検討し、初めての英語論文を作成した(Oshida *et al.* 1992)。実質的にご指導をいただいていた小原先生が論文を修正してくださったのであるが、九九パーセント以上の部分が先生の英文に置き換わっており、自身の英作文力のなさに呆然とすることになった。あの日以来、教授になった今でも英語は私にとって生涯の勉強課題である。

さて、台湾産のムササビ類についてもう一つ本書で書いておきたいことがある。少々長目のエピソードであるが読者諸氏にはぜひおつきあい願いたい。私がムササビたちを日本へ連れ帰ったのは一回ではない。もう一回、大学五年生の初夏にオオアカムササビを二匹台湾から日本へ持ち運んだ。郭教授からお電話があり、「ペット業者がオオアカムササビを捕獲できたそうです。すぐきてください」とのことであった。

前回のムササビ類運搬に使用したキャスターつきカバンなどを準備し、私は再度台北へと向かった。郭教授からムササビたちを受け取り、青森県へと運んだ。前回の経験を活かして、なんとか飼育を成功させたい。これが私の切なる願いであった。飼育に成功するとムササビたちから常時採血をすることができる。これによって動物を殺すことなく、末梢血リンパ球を培養して染色体標本が何度でも作製可能である。二匹のオオアカムササビはオスとメスであったが、オスのほうは小さく、半分子ども(亜成獣)であった。二匹を一緒にカゴに入れたところ、とても仲がよく、メスがオスに毛繕い(グルーミング）をする様子が観察された。後頭部や耳をまずは手で軽くつまみ、優しく前歯で噛んでマッサージをするような行動である（この二匹は母親と息子であったのかもしれない）。このような行動は野外ではまず観察することは不可能である。いや、観察はできるかもしれないが、自動動画撮影カメラを巣内に設置するなどの特別な工夫が必要である。追いかけっこやケンカのような乱暴な個体間行動は、日本のホオジロムササビで観察したことがあったが、私にとって初めて見るムササビたちの平和な個体間行動であった。

さて、今度こそ！　と願うような想いで二匹のオオアカムササビの飼育を始めたのであるが、残念ながらオス個体はすぐに死亡してしまった。亜成獣であったため弱かったのかもしれない（下痢が続いていたことも原因だったかもしれない）。しかしながら、メス個体はこの後長生きをして、私と九年間も一緒に生活することになる。捕獲時点で成獣であったことから、少なくとも一〇年以上生きていたオオアカムササビである。私は「アカコ」という名前をつけてこの個体の飼育観察を続けた。そしてアカコからムササビについてのさまざまなことを学ぶことができた。一匹のみの観察結果であるが、オオアカムササビの飼育から得られた生物学的情報を本書で記しておきたい。

まずアカコの飼育施設であるが、木製の巣箱（大きさは、高さ三〇×長さ三〇×幅三五センチメートルである。写真6）を用意してこれを寝室とした。そして、この巣箱の出入口から出ると、大型の鳥カゴのなかに入るような仕組みとした。カゴのなかには餌置き場を設け、このカゴがアカコが日常の活動をする空間となった（運動場・トイレ・採食場である）。巣箱の上面の板はスライド式で開閉可能になっており、私はときどきこの板を開けてなかを観察することができた。私は、ムササビたちは下向きもしくは横向きで丸くなって（頭部を下腹部につけるような感じで）眠るものと考えていたのであるが、飼育を始めて数日後、そっと巣箱の上面の板を開けてのぞくと、アカコが〝大の字〟になって眠っていたのには驚いた。上向き（仰向け）で両手を広げて爆睡していたのである。ヒトと同様に動物にとっても睡眠は大切である。夜行性のアカコが日中にぐっすり眠っていてくれることは、飼育下でのストレスがあまりなく健康を維持できている証拠かもしれないと、私はホッと胸をなでおろした。ところで、アカコが熟睡するためのベッドであるが、私は定期的（三日おきくらい）に新聞紙を一枚巣箱のなかに入れるようにしてみた。大切なのは、新聞紙を切ったりせず、そのまま折り畳んだ状態でアカコに渡すことである。アカコは新聞紙が入ると途端に元気になる。巣箱のなかでモゾモゾと活発に動く音が聞こえるのである。新聞紙を短冊状（長さ一〇〜二〇センチメートル、幅一センチメートルくらい）に細く嚙み裂いて、これらをまとめて鳥の巣のような形に加工したら特製新聞紙ベッドのできあがりである（古くなった新聞紙ベッドは、アカコが食事中に私がそっと巣箱から取り出して捨てていた）。このベッドメーキングが飼

写真 6　オオアカムササビのアカコ（撮影：押田龍夫）。写真 2 と同様の木製の巣箱で飼育した。

育下での退屈なストレス緩和にずいぶん役立っていたのではないかと私は考えている（動物園の飼育動物で実施されている〝環境エンリッチメント〟のような効果である）。巣材を整えたアカコが眠っている際に、私はその呼吸数を数えたことがある。大の字ではなく、毛玉のように丸くなって眠っているときは、この毛玉が呼吸の都度〝膨らみと萎《しぼ》み〟を繰り返すので呼吸数が数えやすい。アカコの安静時の呼吸数は一分間に五二〜五六回であることがわかった。イヌやネコよりやや多く、体の大きさから考えて妥当な数値であろう。

次にアカコの餌のメニューであるが、まずはヒマワリの種（一つかみ）がベースである。これを主食としておいて、ミニトマト三個、サツマイモ・リンゴ・バナナを一センチメートルほどにスライスし、これらを一切れずつ与えた。これが毎日の通常の餌である。そして、これのみではなく、季節の果物（スモモ、カキ、ナシ、メロンなど）をやはり一センチメートルほどにスライスしたものを加えた。さらに、春にはイチゴやサクランボを一〜二粒、また秋にはクリを一個、ときどき与えるようにした。アカコはどの餌も残さず食べてくれた。果物をふんだんに与えているので給水は一切しなかった。サブメニューとして月に三回ほど牛乳を舐めさせたり、または〇・五立方センチメートルのチーズを与えたりした。これは私のオリジナルの餌メニューであるが、九年間にわたって飼育できたことから、大きなまちがいのあるメニューではなかったと考えている。とくに餌の分量については、多すぎず少なすぎずの加減が大切で、飼育動物を太らせないちょうどよい分量だったかもしれない。オオアカムササビが日本の動物園などで飼育される機会はなかなかないかもしれないが、今後の飼育の現場で本情報が少しでもお役に立てば幸いである。

アカコが見せてくれた行動はいろいろおもしろいものであった。まず、〝バク宙〟の名手であり、カゴのなかで何度もバク宙を繰り返していた。バク宙の次に得意なのが〝横ひねりジャンプ〟である。ジャンプと同時に体を横にひねり、足が向いている方向の九〇度以上横に上半身が向いた状態で着地するのである。これらは常同行動（動物園の檻のなかでホッキョクグマなどが同じところを行ったり来たりしている行動である）の一つかもしれないが、ずっと続くわけではなく、餌を食べた後に数回バク宙を繰り返し、これに疲れると休憩してからまた餌を食べ、今度は横ひねりジャンプをするといった行動を毎晩適当な組み合わせで繰り返していた。私はバク宙と横ひねりジャンプを合わせて〝アカコダンス〟と呼んでいた。ダンスだけではない。アカコは大声でよく鳴いていた。最初は〝シ・シ・シ・シ・シ・シ・……〟といった〝シ〟を反復させるような鳴き声に聞こえていたのであるが、じっくりと聞き耳を立ててみると、じつはたんなる〝シ〟ではなく、〝ツゥピ・ツゥピ・ツゥピ・ツゥピ……〟といったやや複雑な音声であることがわかってきた。私になにかを伝えたいのかどうかはわからなかったが、日が暮れて活動を始めると必ず鳴き声（〝アカコソング〟）を発していた。

アカコは最後まで人馴れしないオオアカムササビであった。私が触ろうとすると激しく怒って噛みついてきた。アカコが嫌がる採血をときどき行っていたので、これは仕方がないかもしれない。オオアカムササビからどのように採血をするかも最初は大きな課題であった。前肢から後肢の間に飛膜が発達しているムササビの身体は、イヌやネコとはかなり違うように見える。採血時の保定もやりづらそうである（無理なことをして死亡させてしまっては最悪である）。また、細い血管ではリンパ球の培養に十分な血液が採取できないかもしれない。そこで私はアカコを北里大学の家畜病院に連れていき、小動物の臨床経験が豊富な小笠原俊実講師に採血法について相談したのである（またしても非常識で唐突な相談ごとであった）。小笠原先生はとてもていねいにアカコの手や足を観察され、「大腿静脈から採血をしましょう」といわれた。アカコを仰向けにして後肢をしっかりと押さえ、血管が怒張するように細い紐を巻いてみた。この状態で小笠原先生に血液を二ミリリットルほど採取していただいたのである。大腿静脈は太いので、採血時に針が入りやすく短時間で採血を終えることができる。私はこの方法で以後アカコから数回の採血をし、リンパ球の培養をすることができたのである。ちなみにアカコを保定する際であるが、軍手を二枚重ねてはめ、その上に作業用革手袋をさらに重ねるという装備が必要であった。作業用の厚手の革手袋をアカコの前歯は難なく貫いてしまうが、その下の軍手まで貫く長さはなかった。革手袋に穴が開き、軍手のところで寸止め状態になるといった形であった。このパターンがわかるまでがたいへんで、最初は革手袋だけで押さえたら、私の両手はズタズタにされた。軍手三枚重ねで試したときも指の皮を大きく嚙み裂かれてしまった。

アカコと過ごした日々はこのように楽しい（痛い）発見の連続であったが、やはり別れのときがきてしまう。アカコの最期を記しておきたい。アカコは死亡する半年ほど前から白内障になっていた。そもそも私に飼育される以前に何歳だったのかがわからず（前述のとおり、少なくともアカコは享年一〇歳以上であったが）、出会った時点ですでに年寄りだったのかもしれない。白内障は加齢によるものと判断して、私はあきらめることにした。白内障になってもアカコはしばらく元気いっぱいで、アカコダンスもアカコソングも健在であった。しかしながら、死亡する数日前から動きが緩慢になり、ベッド巣材をつくることをしなくなった。餌も少ししか食べなくなってしまった。私が牛乳を指先につけて、アカコの口元を触ると指先の牛乳をペロペロと舐めていた。もう私の手を噛む力もなくなってしまった。四月のある日、私が帰宅するとアカコは巣箱のなかで静かに横たわっていた。ほんとうに安らかな死であった。本書で紹介したのはアカコの一部分である。正直、アカコに関することはたくさんありすぎて書き切れない。私と九年間一緒に過ごし、ムササビとはどういった動物であるのかを身をもって教えてくれたまさに私の先生であった。

DNAを調べてみよう

北里大学獣医学科を卒業し、獣医師の手伝い（予防注射のアルバイト）などをしながら弘前大学理学部生物学科でさらに一年間研究生として学んだ後、私は北海道大学理学部附属動物染色体研究施設の博士課程へ進学する。私は、卒業後にすぐ進学をしたかったのであるが、運が悪いことに獣医師国家試験の日程と北海道大学大学院理学研究科博士後期課程の入試の日にちが重なってしまった。とくに獣医師の資格に未練がなかった私は、大学院入試を選ぼうと考えたのであるが、小原先生に「一年足踏みをしてもまずは国家試験を優先させたほうが将来的にはよいのでは」とのご助言をいただいた（加えて研究生として弘前大学理学部へ所属することをお許しいただいたのである）。このときの小原先生からのご助言がなかったら、私はそのままムササビ研究へ脇目も振らず邁進するだけで、国家試験を受けることはなかったかもしれない。獣医師資格取得については小原先生に心より感謝している。

さて、お話をもとに戻すことにしよう。北海道大学理学部附属動物染色体研究施設の当時の教授は吉田廸弘先生（ご専門は遺伝子マッピングで、肝炎の疾患モデルとなるラットなども研究されていた）であった。私はここで染色体と分子（DNA塩基配列）の両方のデータを用いてムササビたちの系統進化を追うことができないだろうかと考えるようになる。私の進学後一年ほど経ってから動物染色体研究施設に増田隆一先生（現北海道大学理学部教授）が助手（助教）として赴任された。増田先生は北海道大学で学位を取得された後、アメリカの国立がん研究所でポストドクトラルフェロー（ポスドク）をされ、ネコ科哺乳類の分子進化学の研究で世界的に有名なステファン・オブライエン博士の下で当時の最先端の「分子系統学」を学ばれていた。分子系統学とは、その名のとおりDNAのデータにもとづいて生物の系統関係・進化を明らかにする学術分野であり、当時は斬新であった。増田先生は、現在でもクマ類・イタチ類などの食肉類を対象として精力的に分子系統学的研究を続けられており、私は自分が一番試してみたかった分析手法を幸運にも新進気鋭の増田先生から伝授していただくことになるのである（今振り返ってみると、これも大きな偶然であったと感じている）。

当時、日本のペットショップで販売されていた大陸産カオジロムササビを私はまたしても運よく見つけ、台湾産カオジロムササビ・オオアカムササビを含めたミトコンドリアDNA塩基配列を用いた分子系統学的解析を行ったのであるが、その結果、台湾産のカオジロムササビは大陸産のものとは遺伝的に大きく異なることが判明した（Oshida *et al.* 2004）。そして、カオジロムササビについては、染色体のバンドパターンからも大陸産と台湾産は大きく異なることがわかったのである（Oshida *et al.* 2000）。台湾産のオオアカムササビについては、大陸産とDNA塩基配列の違いは大きなものではなかったが、前述のとおり、染色体のバンドパターンが大きく異なることが明らかである。これらの結果から、台湾産のムササビ二種については、台湾という島嶼環境で独自の進化を遂げた固有種であるという結論を私は後に下すことになる（Oshida and Lin 2020）。ここでひとこと触れておくが、〝固有種〟という表現をする際には、固有種として扱うための定義が重要視される。「種とはなにか」という種概念に関する哲学論を始めると、たいへんな頁数が必要であるため本書ではこれは避けることにする。哺乳類において、ＤＮＡ塩基配列が異なっていれば別種であるのか。染色体数が異なっていれば別種であるのか。形態的に異なっていれば別種であるのか。これは簡単には結論を出せないむずかしい命題である。しかしながら、私は、〝少なくともまったく同じものとは見なさないほうがよい〟というスタンスから、本書では台湾産哺乳類に対して固有種や固有亜種という言葉を使用している。分類学がご専門の方々からはお叱りを受けそうないい加減な姿勢であるが、「〝なにか〟が違う」という情報の蓄積は大切であり、その違いの結果がやはり別種の記載などに結びついていることは明らかである。そして、この「〝なにか（形態的特徴、染色体の本数、ＤＮＡ塩基配列など）〟が違う」ことにもとづいて、別種や別亜種である可能性を検討し、さらに分類体系全体の見直しを提案すること自体はとくに大きな問題ではないと私は考えている（もちろん安易な〝新種捏造〟のような新種記載はタブーである）。

このときに台湾におけるムササビサンプル採集をご協力いただいたのが、台湾の東海大学生物系（現生命科学系）の林良恭（リン・リャンコン）博士（現在は教授であるが、当時は副［准］教授）であった。ここでひとことお断りしておくが、台湾の東海大学は日本の東海大学とは無関係で、ほんとうに偶然に同名の大学である。〝台湾〟は正式名称にはついていないが、本書では日本の東海大学と区別するため、あえて〝台湾東海大学〟と記すことにする。林博士は九州大学農学部で博士（農学）の学位を取得されており、日本語がとても堪能であった。私は九州大学で開催された日本哺乳類学会大会に参加した際に運よく林教授とお会いし、ムササビ類に関する共同研究を始めることになったのである。インターネットですべての情報が得られる現在とは異なり、学会での生の出会いはほんとうに大切な時代であった。

ここで林博士とのエピソードを一つ紹介しておきたい。林博士のご提案で、私たちは「日台合同リス・ムササビ類学術交流会議」を一九九八年一〇月三一日に台湾の台中市に位置する国立自然科学博物館の講堂で一緒に開催することになった。会議の詳細については日本哺乳類学会の和文誌「哺乳類科学」（三九巻）にまとめて記してあるので、読者諸氏にはぜひこちらを参照いただきたい。シンポジウムの詳細については本書では書かないことにするが、日本側から六題、そして台湾側から七題の研究発表があり、参加者は計一五〇名という人数になった（台湾大学の郭宝章教授も参加してくださった）。リス・ムササビ類というややマニアックな集会であるため、私はせいぜい数十人程度の参加者を想定していたのであるが、この人数には正直驚かされた。もちろん主催はすべて台湾側で、林博士が司会・進行を万事仕切ってくれたが、日本側参加者のまとめ役は私が行い、これが私が企画・参加する初めての海外シンポジウムとなった。英語でのシンポジウム講演もこのときが初体験で、かなり緊張しながらも視聴者の方々にわかりやすくお話をするようにがんばったつもりである（全体的にこのシンポジウムは大成功であったと手前味噌ながら私は思っている）。シンポジウムに参加した多くの方は台湾の学生・大学院生であり、私はその熱気に圧倒された。そして、今後の台湾の哺乳類学がこういった若い世代に引き継がれ、着実に発展するであろうという強い印象を抱いたのである。

再び台湾へ

北海道大学理学部で私は単位取得退学という形で博士（理学）の学位を授与され、その後は研究機関研究員（講師）としてポスドクのような形で勤務をすることになった。任期も定まっており、もちろんその先の仕事を探さないと生活していくことができない。バブル崩壊直後の厳しい日本の社会経済において、ムササビ類やリス類の系統学の専門家は正直不要であった（今でもとくに必要な存在ではないことはまちがいなさそうである）。まったく就職のあてもなく、どうしたものかと途方に暮れているときに、台湾の林良恭博士から「台湾東海大学生物系で分子系統学と細胞遺伝学の教育・研究をしませんか」というお誘いがあった。「生物系」とは日本語の「生物学科」のような意味である。英会話もうまくない、研究業績も中途半端な私がはたして海外でいきなり大学教員として務まるのかどうか。ポスドクとして海外へ留学するのだったらもっと気楽だったかもしれない。しかし、学ぶのではなく日本でもやったことがない大学教育のスタートが海外で、全部英語でとなるとさすがに気が重くなる。しかも週九コマの講義数が最低限の義務であった（日本の大学とは異なり、一コマが五〇分であったが、それでもかなりの負担である）。自信はまったくなかったが、ここは思い切って踏み出してみようと私は決意した。こうして私は二〇〇〇年八月から台中（図1）にある台湾東海大学理学院生物系の客員助理教授（日本語では客員助教）となる（〃理学院〃とは理学部のことである）。

台湾東海大学はミッション系の大学で、キャンパスには〃ルーシー・チャペル〃という観光スポットとなっている教会があり（写真7）、これは世界的に有名な現代建築家である貝聿銘（ペイ・リーミン）

写真7　台湾東海大学のキャンパスにあるルーシー・チャペル（撮影：押田龍夫）。

氏、そして陳其寛（チェン・チーカン）氏の設計である。一万七〇〇〇人以上の学生を擁する総合大学で、キャンパスの面積はとても広く（写真8）、農学院（部）が有する牧場まであった（売店では〝東海大学牛乳〟も販売されていた）。この広いキャンパスの北のほうに位置する生物系の建物から徒歩三〇分ほどのところに私はアパートを借りた。着任当初、林博士のバイクをお借りし、バイク通勤をしていたこともあるが、台湾の交通事情は日本とはかなり違う。台中市の車とバイクの交通量は多く、さらに運転が全体的に荒いので、慣れない私には毎日の運転がたいへんであった。交通事故には遭わなかったが、けっきょく私はしばらく続けたバイク通勤をやめ、徒歩での通勤に切り替えた。三〇分間街中を歩くと台湾の人々の生活がよく馴染んでくる。朝の通勤途中に朝食を買い、帰りの〝夜市〟での飲食など、台湾での生活はおいしく快適であった。台湾の生活について書き始めると、これも切りがないくらいいろいろなエピソードがあるので、本書ではこれ以上の記述はしないようにする。

さて、初めて大学で行う講義はなかなかたいへんであったが、私はここでかなり自由に研究をすることができた（台湾での講義などについては第4章でくわしく述べることにする）。台湾に着任した私は「台湾産の滑空性リス類は、海洋に阻まれて大陸とは独自のものに進化している」証拠を集めようとまず考えた。台湾赴任前の最後の台湾調査で、台湾に生息するもう一種類の滑空性リス類である〝ケアシモモンガ〟を運よく捕獲することができたのであるが、この染色体標本を作製して台湾へと持参していた。このケアシモモンガ個体の採集は狙って実施したわけではなく、林良恭博士の調査スタッフたちが、コウモリ類を捕獲しようとして設置したカスミ網に偶然かかってしまったのである。

写真8　台湾東海大学のキャンパス風景（撮影：押田龍夫）。高木の並木道が長く続く。

ケアシモモンガは、台湾では海抜四〇〇〜二〇〇〇メートルの森林に生息する（もっともよく見られるのが海抜一〇〇〇メートルくらいである）。大きさは、頭胴長が約二〇センチメートル、尾長が約一七センチメートル、体重は三〇〇グラムほどであり、ムササビ二種と比べるとかなり小型で、中国語では〝小鼯鼠〟と呼ばれている。体毛色は、腹部がやや黄色がかった灰色、頭部・背部・尾部は褐色（〝タウニーブラウン〟）である（写真9）。

写真9　ケアシモモンガ（撮影：張仕緯）。飼育個体が花を採食している。

大陸にも同種が分布（第2章で述べた分布カテゴリーの②および③に相当）している本種について、私は、まずは染色体の分析を行い（Oshida *et al.* 2002a）、そして後にミトコンドリアDNAの塩基配列を用いた分子系統学的解析を行った。染色体については、ムササビたちとは異なり大陸産の比較対象がなかったため、残念ながらなにもいうことができなかった。しかしながら、DNAの分析結果から、台湾産のケアシモモンガは大陸産（ベトナム産）の既報のものとは大きく異なることが明らかとなり（Oshida *et al.* 2015）、私は別種扱いが妥当であろうと考えている（しかし、これについてはまだ結論に至っておらず、今後の検討課題である）。

台湾に分布する三種の滑空性リス類については、海洋による隔離の結果、固有化が進行したことはまちがいないだろう。滑空性リス類は、飛膜という特別な構造を発達させた。飛膜は森林環境のなかでは重宝な形質であるが、森林がない場所では無用の長物となり、彼らは長距離を歩いて移動することができない。長い進化の過程における彼らの移動パターンは、あくまでも森林分布の変遷にともなった受動的なものであったと私は考えている。台湾は、更新世の氷期において大陸とつながっていた時期があったと考えられるが、かりに地続きとなっても森林の分布状況に移動を依存する哺乳類が迅速に分布域を拡張できたとは考えにくい（地続きとなることは、必ずしも森林が形成されることを意味するわけではない）。このため、大陸からの個体群の侵入は限定的であり、三種の滑空性リス類は台湾の豊かな自然環境に適応し、固有種あるいは固有亜種として進化を遂げたのであろう。

さて、ここで少し脱線することを覚悟して一つ書いておきたいことがある。滑空性のムササビたちの捕獲・採集についてであるが、台湾の先住民の力がなければむずかしかった。台湾の先住民については文化人類学的にいろいろな研究報告があるため、本書ではくわしい説明はしないが、ここで概要のみを紹介しておきたい。台湾には一六族の先住民が暮らしており、彼らは漢民族が中国大陸から移住する前より台湾に住んでいた。アミ族、サイシャット族、タイヤル族、タオ族、ツォウ族、ブヌン族、パイワン族、プユマ族、ルカイ族の九族は、以前から台湾政府に認定されていたが、サオ族、クバラン族、タロコ族、サキザヤ族、セデック族、カナカナブ族、サアロア族の七族は、私の台湾赴任以降（二〇〇〇年以降）に台湾政府に認定された民族である。もちろん、これら七族は初めて発見された民族ということではなく、それまでに認定されていた民族から分けられる形で新たに認定されることになったのである。すべての民族を合わせても人口は約五五万人であり、台湾の全人口の約二パーセントである。多くの民族が山地に暮らしており、険しい台湾の山地の自然と一体となった豊かな狩猟採集文化を民族ごとに持っている。そして、彼らの狩猟能力は、野生動物の調査に際して頼もしい武器となるのである。

私は台湾に赴任する前の一九九七年一一月の終わりごろに、海抜二二〇〇メートルの苗栗縣泰安郷（図1）で苗木用のスギの実を採集して生計を立てているタイヤル族の作業キャンプ（老若男女を合わ

写真10　タイヤル族の木登り（撮影：押田龍夫）。スギの大木の上部まで一気に登ってしまう。

せて三〇〜四〇名ほどのグループであった）を訪れたことがある。林良恭博士の調査スタッフ二名と一緒にテントを張り、彼らの作業キャンプの隣で私たちは数日間過ごすことになった。このとき、目のあたりにしたタイヤル族の木登り技術にはほんとうに驚かされた。高さ三〇〜四〇メートルものスギの大木の頂上まで、ロープも使わずに楽々と登ってしまうのである。幹の周囲が太い根元のほうはさすがに手がかりがないので、楔のような足場を幹に打ち込んで登るのであるが、幹の太さが両手で抱えられる程度になると両手両足で幹をしっかりとはさみ込んで一気に頂上まで行ってしまうのである。まさに神業であった（写真10）。私は彼らにムササビを捕獲することができるか否かをたずねてみたのであるが、「罠を使えばムササビを簡単に獲れるよ」という頼もしい答えが返ってきた。さっそく彼らに捕獲を頼んでみたところ、翌日には生け捕りにしたカオジロムササビを分厚い麻袋に入れて持ってきてくれた。ムササビ用の罠（小型のトラバサミのような罠）を樹上に仕かけて捕獲したそうで、彼らはムササビたちが滑空時に移動しそうな樹のポイントを予測することができるそうである。

台湾の先住民の狩猟文化については、これまでもさまざまな研究報告がある（たとえば、野林 二〇〇二）。おもな狩猟対象は、サンバー（スイロク）、ニホンジカ、タイワンカモシカ、イノシシ、タイワンザルなどであるが、ムササビたちもタイヤル族の狩猟メニューには入っていたようだ。彼らに「ムササビはおいしいですか」とたずねたところ、複数名の方から「おいしいよ！　おいしいよ！」という答えが返ってきた。作業キャンプに滞在中は、毎晩のように彼らと焚き火を囲んで大宴会であった。彼らは焼酎のような強い蒸留酒（白酒）が大好きで、私はここで毎晩かなりの暴飲をすることになった。実際にアジアで野生動物の調査をする際、お酒を飲んでのコミュニケーションづくりが成功するか否かで調査の成果が大きく左右されてしまう。現在の日本でこのお話をすると時代遅れのアルコールハラスメントの肯定者のように解釈されてしまうが、言葉がよく通じない局面に置かれた際の飲酒は、じつは大切なコミュニケーションツールである。ちなみに、作業キャンプのお年寄りたちは日本語教育を受けており、片言の日本語を話すことができた。この宴会の席で、私は彼らから〝首狩〟の風習について話を聞くことができた。台湾の先住民はかつて首狩の風習を持っていたことが知られている。部族間で首を取り合っていたそうであるが、もちろん今では禁止されている過去の文化・風習である（狩った首は部族の大切な収集品であり、今でも保管庫にたくさん安置されているそうである）。彼らは私に「日本のテレビドラマを観て日本人も昔は首狩をしていたことを知った。あなたも首ほしいか。私たちは同じ首狩好きな民族ね！」といってきた。最初は驚いたが、確かに戦国時代を舞台とした合戦ドラマなどでは、〝御首（ミシルシ）頂戴〟のシーンがよく出てくる。日本人は世界的には首狩族の範疇に入ることもあるのだという事実を私は実地で学ぶことができた。これも台湾での私の貴重な体験の一つである。ヒト

写真 11　カオジロムササビの生息地（撮影：押田龍夫）。高雄市の檜谷（図 1、標高約 2400 m）。

の文化や歴史は角度を変えて眺めるとまったく異なるものに見え、そしてこの視点の違いに起因する誤解を避けるためにも多角的な視野が必要であるということを学んだ瞬間であった。

さて、大きく脱線してしまったが、滑空性リス類のお話に戻るとしよう。ここでもう一つムササビたちの進化に関するお話を付け加えておきたい。台湾と大陸との関係ではなく、台湾の固有種であるカオジロムササビとオオアカムササビの二種において、それぞれ台湾内における遺伝的な分化が見られるか否かについて、私は続いて研究を行ったのである（種間ではなく、種内での遺伝的な違いに関する検討である）。繰り返すが、両種とも高海抜の山脈に代表される台湾の複雑な地勢や森林にのみ生息しており、滑空性という特異な身体構造を持つ哺乳類である。〝両種の地域個体群は、地理的な障壁（山脈など）によって分断されており、この分断パターンにもとづいて、種内におけるなんらかの遺伝的変異が見られるに違いない〟と私は予想（期待）したのである。とくに、より高海抜に生息するカオジロムササビ（写真11、写真12）では、オオアカムササビよりもこの傾向が顕著に認められるというシナリオを強く期待していた。しかしながら、台湾全体から採集されたムササビたちのサンプルを用いたミトコンドリアＤＮＡ塩基配列の解析結果では、とくに明瞭な遺伝的分化は見られず（もちろん各々の種内で遺伝的な変異は見られたが、地理的に明瞭なグループが検出されることはなかった）、両種とも一つの台湾個体群であると解釈されたのである（Oshida *et al.* 2011）。残念ながら、私の予想、いや期待は大きく外れてしまったわけである。これについては、台湾産の他種の小型哺乳類の研究結果とあわせて第4章で考察を述べることにしたい。

写真 12　カオジロムササビの生息地（撮影：押田龍夫）。檜谷には直径1ｍを超えるような巨木がたくさん存在する。

台湾産のムササビ類二種の生態学的研究については、いくつかの報告がある。食性については、年間を通じた採食資源が明らかになっている（Lee *et al.* 1986; Kuo and Lee 2003）。本書ではその詳細については記さないが、ブナ科、ヒノキ科、ツバキ科などの樹種が両種によって利用されている。おもな採食部位は葉・果実・芽・種子などであるが、とくに葉食傾向が強いことが知られている。オオアカムササビの行動圏は、オスで約二・六～四・三ヘクタール、メスでは約一・八ヘクタールであり、オスのほうが大きい（Kuo and Lee 2012）。この雌雄差の傾向は日本産のホオジロムササビなどでも同様である。繁殖期になると一般に樹上性リス類のオスは行動圏が広くなるが、これは、より多くのメスとの交尾を試みるためであると解釈されている。

さて、最近の台湾のムササビたちの研究であるが、私の友人で台湾大学動物系教授の于宕燦（ユ・ホンツェン）博士の研究グループが消化管内の微生物を精力的に調べている。私が林良恭博士のところを最初に訪問した機会に林博士から于博士を紹介していただいたので（このときは野外調査終了後に台湾大学へ連れていっていただいた）、かれこれ二五年のおつきあいである。于博士のグループは、台湾産のカオジロムササビの消化管内の微生物叢を明らかにして、本種の腸管内に生息する細菌類が葉食傾向の強いカオジロムササビの消化に大きな役割を果たしていることを報告した（Lu *et al.* 2012）。ムササビ類の腸管については、私の現所属である帯広畜産大学の学生であった三塚若菜さんが卒業研究のテーマとして〝長さ〟に着目した比較分析を行った（ちなみに、この分析には前述したオオアカムササビの〝アカコ〟の消化管も含めている）。この分析の結果、葉食傾向の強い大型のムササビ類は、種子などをおもに利用する小型の樹上性リス類と比べると、相対的に長い盲腸を持つことが明らかになったのである（Mitsuzuka and Oshida 2018）。この長く発達した盲腸内に住む微生物による分解作用がムササビたちの消化効率を高めているものと私たちは考察した。当時于教授の研究室で博士課程の大学院生だった劉勃佑（リョウ・ポウヨウ）氏はさらにこの研究を微生物レベルで進め、大型のムササビ類（台湾産のオオアカムササビ・カオジロムササビ）では、中型のミゾバムササビ（中国南部に分布）や小型のタイリクモモンガ（ユーラシア大陸北部一帯・サハリン・北海道に分布）と比べると腸管内の細菌類が異なっており、より葉が消化されやすい体制となっていることを示した（Liu *et al.* 2020）。この研究は私との共同研究で、于博士の研究グループは帯広畜産大学でそれまでの研究成果と今後の研究計画に関する発表会を開催してくれた。

ムササビ類の葉食傾向が強いことは以前から提唱されており、日本のホオジロムササビ（Kawamichi 1997）、前述の台湾産のカオジロムササビ・オオアカムササビ（Lee *et al.* 1986; Kuo and Lee 2003）、パキスタン産のオオアカムササビ（Shafique *et al.* 2006）などの野外観察結果が報告されている。このように、形態的に、そして微生物の力を借りながらも生理学的に発達したムササビ類の消化管は、彼らが樹上生活者として進化を遂げる過程で獲得された重要なアイテムであろうと私は考えている。樹上生活・滑空能力、さらに葉食性という特徴を兼ね備えることで、初めてムササビ類が現在のような完成形に至ったのではないかと私は解釈している。

2　樹上性リス類——低地と高山の森に暮らす

樹上性リス類の本題に入る前に、台湾におけるリス類研究の歴史的経緯を少しだけ紹介しておきたい。第1章でも少し触れたが、台湾におけるリス類の研究は、オオアカムササビ、カオジロムササビ、そして後述するクリハラリスの三種が植林に被害を与える害獣として問題になり、これらに対する防除活動のために開始された基礎的な生態データの収集および被害状況の整理が発端なのである。一九八〇年代に、第1章で紹介した元台湾大学森林系教授の郭宝章博士、そして、林曜松（リン・ヤンソン）博士（元台湾大学動物学系教授）、ポール・アレクサンダー博士（元台湾東海大学生物系教授）、さらに第4

章でくわしく紹介する林俊義（リン・ジンイー）博士（元台湾東海大学生物系教授）らが中心となってこの問題に取り組み、ムササビ類およびクリハラリスに関するさまざまな知見が飛躍的に蓄積されることになったのである。一九八〇年代の台湾では、森林を木材資源を生産する場として活用していたため、これを守るための研究は重要視されたのであるが、経済的に大きく成長を遂げた一九九〇年代になると台湾産の木材が高価になってしまい、これに代わって輸入された木材資源が利用されるようになってくる（林・李 一九九九）。この木材資源に対する価値観の変化が原因で、ムササビ類とクリハラリスの管理に関する研究はほとんどなくなってしまうのである。しかしながら、一九九〇年代の終わりごろから、これら三種に関する生物学的な研究が開始され、私が台湾に着任したころには基礎研究も重要視されるようになっていた。

準高海抜に生息するリス類

台湾には、三種の樹上性リス類が生息している。このうち、まずは準高海抜に生息する二種のリス類について説明をしよう。最初に記しておくが、前章でお話しした台湾産固有種と考えられる滑空性リス類が準高海抜に生息していたことから、私は、同じく準高海抜に生息するこの二種のリス類についても台湾の固有種であるという仮説を検証することを目論むことにしたのである。この仮説が実証されれば、「準高海抜に生息する台湾産リス科動物は、台湾の高山帯に地理的に隔離された結果、固有種化を遂げた」という一般則が導かれ、そして、この一般則を次にほかの動物のケースにあてはめて進化学的な検証を続けることが可能である。地道な作業ではあるが、これが動物の進化的歴史を明らかにするための

写真 13　オーストンカオナガリス（撮影：張仕緯）。

大切なプロセスである。リス類から導き出された一般則がほかの動物種にも適用できるようなことがあれば、動物学、いや生物学全体の進展にもつながる貢献となる。

さて、お話を進めよう。オーストンカオナガリス（中国語では〝長吻松鼠〟と書く）は、台湾の海抜一〇〇〇～二八〇〇メートル（準高海抜）の森林に生息する。腹部がやや黄色味のあるクリーム色で、頭部・背部・尾部は濃灰色である（写真13）。大きさは、頭胴長が約一八～二三センチメートル、尾長は約一二～一八センチメートル、体重は二五〇グラムほどである。本種は、中国南部からインドシナ半島北部にかけて、そして台湾に広く分布するが、台湾産の個体群については固有亜種とされている。〝カオナガ〟と呼ばれるとおり、やや面長で、ほかの樹上性リス類と比べると鼻先が尖り気味である（この傾向は、頭骨の標本を見ればより明瞭である）。樹上性でおもに植物資源を利用するが、その生態についてはほとんど研究されていない。しかしながら、台湾に赴任した私は本種の繁殖について興味深い知見を得ることになる（これは、これまでに学術雑誌や学会講演などでは発表していない本書で初公開の情報である）。

二〇〇一年二月一〇日、台湾の中部において、台湾東海大

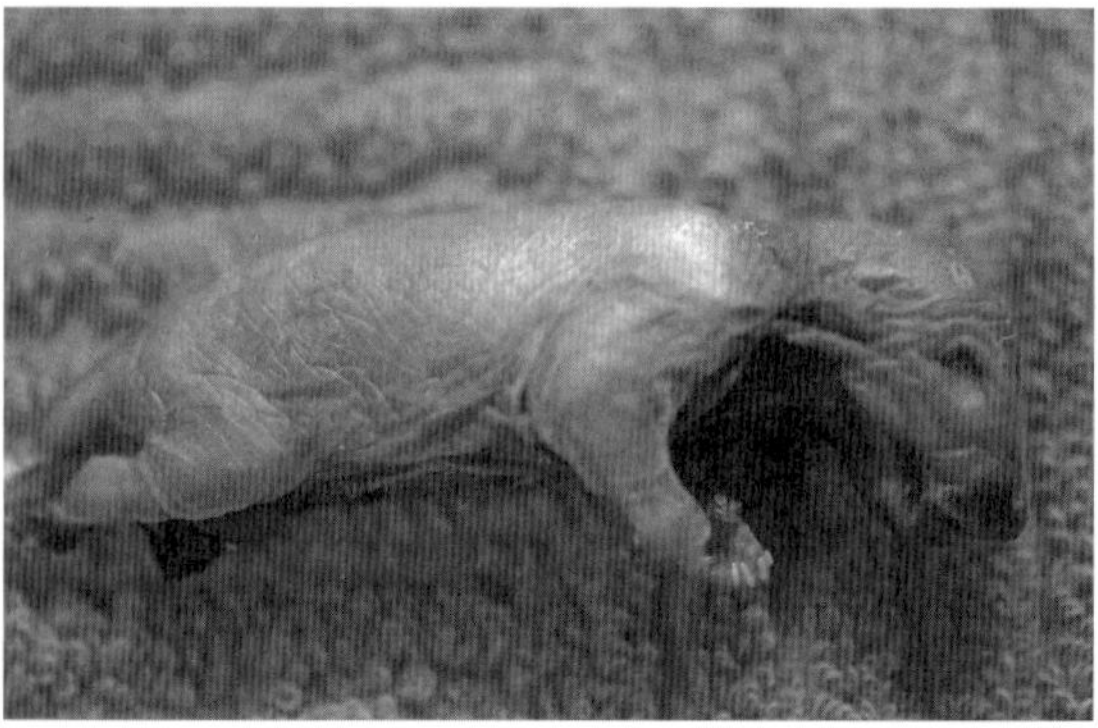

写真14　オーストンカオナガリスの新生仔（撮影：押田龍夫）。

学生物系の大学院生であった李仁凱（リ・イェンカイ）と袁守立（イェン・ソーリー）の両氏の手によってメスのオーストンカオナガリスが採集された（両名とも私が台湾で修士課程の副指導教員となり、実質的に修士研究の指導を担当した大学院生である）。この個体を動物飼育舎にて飼育したところ、同月一六日の深夜から一七日未明の間に二匹の子どもを出産した。出産後のメスは極度の興奮状態にあり、育仔を完全に放棄してしまったため、残念ながら二匹の子どもは一八日の夕方に死亡してしまった（写真14）。親から離して人工保育を試みようとしたが、助けることができなかった。オーストンカオナガリスの新生仔に関する記録はこれまでに報告されたことがなく、非常にめずらしい事例であるので計測値をここに記すことにする。二匹の新生仔はともにオスで、一匹は頭胴長が九・七センチメートル、尾長が二・七センチメートル、体重が九・一グラム、またもう一匹は頭胴長が九・五センチメートル、尾長が二・五センチメートル、体重が八・二グラムであった。樹上性リス類の新生仔の記録としては、ユーラシア大陸北部一帯、サハリン、北海道に広く分布するキタリス（成獣の体重は三五〇〜四五〇グラムほどでオーストンカオナガリスよりかなり大きい）のものがあるが（Raspopov and Isakov 1980）、頭胴長が五・一〜五・六センチメートル、体重は七・〇〜八・五グラムである。今回一例のみの記録であるため、断定的なことはいえないが、キタリスと比べるとオーストンカオナガリスの新生仔はずいぶん大きいことがわかる。

さて、オーストンカオナガリスが準高海抜に生息することから、前述のとおり、本種についてもムササビたちと同様に台湾の固有種である可能性を私は検討する。同じ地域に同所的に生息する動物は、しばしば同じような歴史をたどって現在に至っている場合が認められる。ムササビたちと同所的に生息し、かつ生態的にも同様な樹上環境（森林）に適応を遂げているオーストンカオナガリスは、ムササビたちと同じような進化の道筋を歩んできたことが十分に期待できる。私はまず本種の染色体分析を行った。李さん、袁さんが捕獲した別のオス個体から染色体標本を作製し、その特徴をこれまでに報告されている中国産の別亜種と比較したのであるが、中国産のものでは染色体数が四〇本である（Wang *et al.* 1980）のに対し、台湾産では三八本であった（Oshida *et al.* 2003）。また、台湾産と大陸産のオーストンカオナガリスは、ミトコンドリアDNAの塩基配列レベルでも大きく異なっていたのである（Oshida *et al.* 2017）。これらの結果にもとづいて、台湾産のオーストンカオナガリスは、ムササビたちと同様、別種（台湾産の固有種）として扱うべきであろうと私は考えている（この問題についてはまだ議論の余地があり、私は本書でこれ以上の言及はしない）。

さて、次はタイワンホオジロシマリスのお話である。タイワンホオジロシマリス（中国語では〝條紋松鼠〟と書く）は、海抜五〇〇〜三〇〇〇メートル（準高海抜）の森林に生息する（よく見られるのは海抜二〇〇〇メートルくらいである）。大きさは、頭胴長が約一一〜一三センチメートル、尾長が約九

写真15　タイワンホオジロシマリス（撮影：張仕緯）。

〜一一センチメートル、体重は八〇グラムほどである。本種は、中国南部、海南島、台湾、ベトナム、ラオスに分布し、台湾産の個体群は固有亜種とされている。腹部は全体的に白色で、尾は濃褐色である。そして、本種の背部には、〝シマリス〟の名称どおり、濃褐色の縞と淡褐色の縞が交互に六本並んでいる（写真15）。小型のリスの仲間では、背中にこのような美しい縦縞模様を持つグループがいくつか知られている。読者諸氏もおそらくご存じのユーラシア大陸や北海道に分布するシベリアシマリス、また、アメリカ大陸に広く分布するアメリカシマリス属やインドやパキスタンなどに生息するシマヤシリス属などをあげることができる。このみごとな〝背部の縞模様〟という特徴はなぜこれらのリス類で発達したのであろうか。じつは、これについてははっきりしたことはわかっていない。私は、将来ぜひ生息環境との関係で調べてみたい研究テーマの一つとしてとらえている。タイワンホオジロシマリスの生態も詳細には研究されていない。樹上性でおもに植物資源を利用すること、樹洞に巣をつくること、また、樹洞に種子などの食物を貯えることなどが断片的な情報として知られている。

タイワンホオジロシマリスを含むホオジロシマリス属の進化については、私が台湾東海大学生物系で博士研究の指導をした張仕緯（チャン・スーウェイ）博士がすばらしい研究成果をあげてくれた

（Chang *et al.* 2011）。張さんは現在、台湾の農業委員会の研究機関である〝特有生物研究保育中心（センター）〟の主任研究員として活躍している（本センターについては第4章でくわしく述べることにする）。また、本書で使用している台湾産哺乳類の写真のほとんどを撮影・提供してくれたのが張さんである。張さんの博士研究は、本書の枠を越えてしまう大きなスケールとなるので（タイワンホオジロシマリスのみならず、ホオジロシマリス属全体の進化および分類に関する研究であった）、詳細については記すことはしないが、ここでは張さんが明らかにしたタイワンホオジロシマリスの固有性についてのみ触れておきたい。

さて、順を追ってこの話を進めよう。私は、台湾赴任直後に、幸運にも本種のサンプルを入手することができたのである。当時、台湾の玉山国家公園管理處保育研究課の課長であった蘇志峰（スー・ジーフォン）氏からのプレゼントであった（玉山は海抜三九五二メートルの台湾の最高峰である）。ちなみに蘇さんは当時、台湾東海大学生物系の修士課程の社会人枠の大学院生をしており、私より少し年上であった。蘇さんは修士研究のテーマとして、準高海抜に生息するネズミ類の生息地に関する研究を行っており、ネズミ類を採集している際にタイワンホオジロシマリスが誤捕獲されたようである（捕獲状況の詳細についてはたずねていない）。私は、蘇さんからのサンプルを使って、まずは本種の染色体標本を作製してこれを報告した（Oshida *et al.* 2002b）。タイワンホオジロシマリスの染色体数は三八本であったが、大陸産の個体では四二本であることが知られており（Chang *et al.* 2011）、染色体レベルでは相当な違いがありそうである（残念ながら、バンドパターンを用いた両者の染色体の詳細な比較検討はいまだにできていない）。ＤＮＡ塩基配列については、張さんのたいへんな努力で多くのサンプルを台湾の内外から入手することに成功し、これらをまとめて解析することができた（Chang *et al.* 2011）。その結果、ミトコンドリアDNAのみならず、核の遺伝子のDNA塩基配列も含めた詳細な解析である。その結果、少なくとも台湾産のタイワンホオジロシマリスの個体群は遺伝的に一つのグループとなり、大陸産のものとは明瞭に異なることが示されたのである。別種（台湾の固有種）として扱うべきか否かについてはまだ議論の余地があるため、本書では記さない。しかしながら、少なくとも台湾の固有亜種以上の存在として扱うべきであるという見解が妥当であろうと私は考えている。

低海抜～中海抜に生息する樹上性リス類

さて、これまでは台湾産リス類の固有種（あるいは固有亜種）に焦点を絞ってお話を続けてきた。複雑な地勢と自然を誇る台湾にいながらこのテーマだけにこだわり続けるのはあまりにももったいない。私は、台湾内における哺乳類個体群内の〝遺伝的変異の特徴〟に関する研究を開始する。前述のとおり台湾には南北に走る山脈があり、その海抜も高い。すなわち、これらを越えることができない低地に住む哺乳類は山脈（あるいは山）の両側で、地理的に隔離されてしまうことになる。その状況は、DNAレベルにおける違いとして、明瞭に示されるかもしれない。〝山脈による個体群の隔離が起きているのか否か〟これを調べるために、私はクリハラリス（写真16）を研究対象とする。これは修士院生の李仁凱さんの研究テーマであった。

クリハラリスは、中国南部、台湾、ベトナムなどに広く分布する。すでに述べたとおり、台湾においてクリハラリスは、ムササビたち同様に植林に被害を与える害獣として位置づけられており、以前は多くの個体が駆除されたそうである。本種の生態についてはかなり研究が進んでいる。食性については、これまでに本種が採食した一四九種の樹種が記録されており、そのうちクスノキ、ガジュマル、カジノキなどの二三の樹種がよく利用されることが報告されている（Chao *et al.* 1993）。採食する部位も果実、種子、樹皮、花、葉、樹液などさまざまである。樹上に高さ七五センチメートル、幅五〇センチメートルくらいの大きさのラグビーボールのような巣をつくる。巣は二層構造になっており、外側は小枝や葉で、内側は細く裂かれた樹皮でできている。この内側には直径一五センチメートルほどの球状の空間があり、ここがクリハラリスの寝室となる（なかなか快適な居心地であるかと想像できる巣である）。一個体がこのような巣をいくつか持っており、一つの巣を継続して使うのではなく、これらを変えながら利用する。繁殖についても研究されており、台湾のクリハラリスは年二回の繁殖期（一～三月と五～八月）を持つことが示唆されている。

写真16　クリハラリス（撮影：張仕緯）。

クリハラリスは、日本にも外来種として定着しており、かわいそうではあるが、特定外来生物に指定され、現在駆除の対象となっている。読者諸氏もどこかで観察されたことがあるのではないだろうか。私は、日本に移入されたクリハラリスの起源をミトコンドリアDNAの塩基配列から調べてみたのであるが、おそらく台湾の個体群が持ち込まれ（伊豆大島などがその場所である）、これが広がってしまった可能性が高いことが明らかになっている（Oshida *et al.* 2007）。クリハラリスの大きさは、頭胴長が約二〇～二六センチメートル、尾長が約一八～二〇センチメートル、体重は約二七〇～四〇〇グラムである。毛色は、頭部と背部、そして尾部は灰褐色であるが、腹部は〝クリハラ〟の名称どおり、〝赤栗色〟をした個体がいる（このため本種は中国語で〝赤腹松鼠〟と呼ばれている）。しかし、この腹部の色はなぜかバリエーションに富んでおり、台湾の個体群は大きく四つのパターンに分けることができる（林・陳 一九九九）。①腹部一帯が赤栗色のもの、②腹部は背部の毛が淡くなったような灰褐色で、腋の下と腿のつけ根の部分のみがスポット状に赤栗色のもの（このスポットの出現にはさらにバリエーションがある）、さらに③腹部は赤栗色であるが、その中央に縦に灰褐色の縞が見られるもの、そして、④腹部一帯が灰褐色のものである。なぜ腹部の色がこのような変異に富んでいるのだろうか。四足歩行をする動物の場合、腹部の色は、通常同種の他個体や他種の動物に見せるような部位ではない。腹部のみの毛色変異の適応的な意義については不明であるが、李さんがこれを修士研究で調べた結果、腹部の色には地理的な偏りがあることが明らかになった。①の毛色パターンは台湾の北東部の個体で見られ、②や④のパターンの個体はもっぱら南部に分布する傾向が示されたのである。また、③のパターンは台湾の全域で認められる一般的な傾向があることもわかってきた。余談であるが、日本に移入されたクリハラリスでは、おもにこの④の毛色パターンが認められ、私は台湾南部から持ち込まれたものではないだろうかと考えている（これについては明言できないので、本書ではこれ以上の無責任な言及は避けることにする）。この毛色の地理的変異に関する研究はまだまだ中途である。今後ぜひ解明を進めていきたい研究課題の一つである。

さて、少し脱線してしまったが、〝山脈隔離〟に話を戻すことにしよう。李さんが台湾の低地～中海抜にまで広く生息するクリハラリスの遺伝的多様性を調べたところ、台湾に生息するクリハラリスは明らかに山脈という地理的な障壁によって隔離されており、大きく三つのグループに分かれることが明らかになったのである。李さんはこの結果を中国語の修士論文としてまとめてくれたが、私はさらに詳細な分析を進めて、三つではなく、少なくとも四つのグループの存在を突き止め（図2）、アメリカ哺乳類学会の学会誌へ発表した（Oshida *et al.* 2006）。クリハラリス個体群は、台湾を東西に区切る最大の中央山脈によって大きく東部・西部に分かれ、東部個体群はさらに海岸山脈を境に二つに分かれ（図2では〝東部〟と〝南部〟と記した）、西部個体群は雪山山脈を境に二つに分かれるのである（図2では〝北部〟と〝西部〟と記した）。リス科哺乳類において、これだけ明瞭な山脈による隔離のパターンが得られたことに私はとても驚かされた。台湾という自然の実験室のすばらしさをあらためて認識させられた研究結果であった。

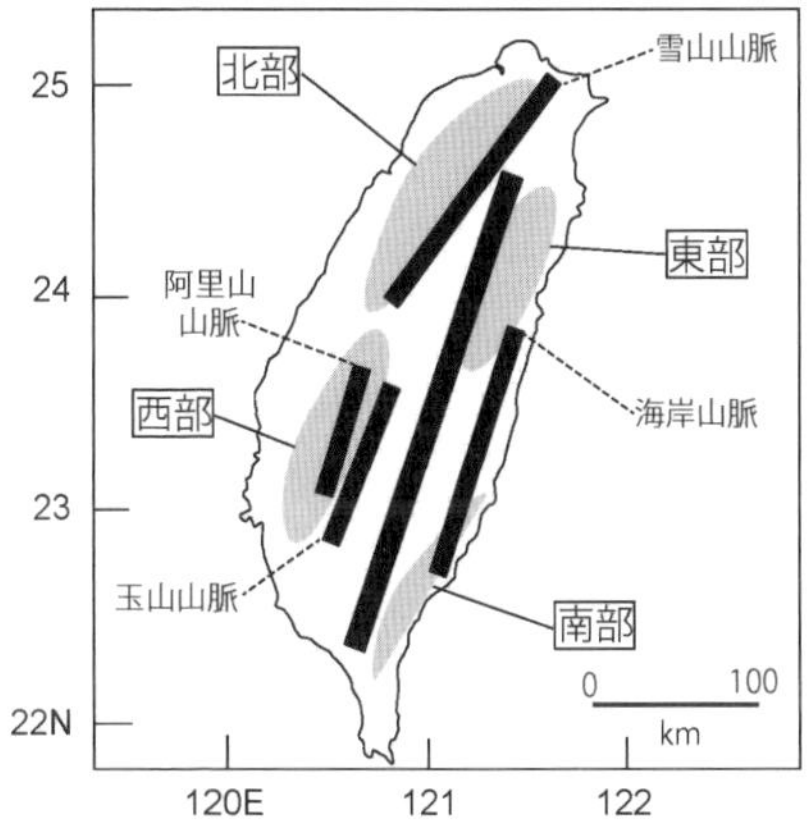

図2　山脈によって遺伝的に分かれるクリハラリスの4つの個体群。

クリハラリスは台湾東海大学のキャンパスにもたくさん住んでいた。さまざまな音声を発するにぎやかなリスである。この音声は個体間でのいろいろなコミュニケーションに役立っており、とくに異なる外敵の情報を伝えるために異なったパターンで使われることが明らかになっている。クリハラリスは、猛禽類、食肉類、ヘビなどの異なった天敵の接近時に異なる警戒音声を発して情報を伝え合うのである。このように音声による本種のコミュニケーション能力はたいへん興味深い研究テーマであり、これについては、森林総合研究所の田村典子博士が詳細に研究されている（田村 二〇一一）。リス類の音声と行動に興味のある方はぜひ田村さんの著書を参照していただきたい。クリハラリスがにぎやかに鳴いて走り回る台湾東海大学のキャンパスは、樹々が豊かでとてもよい環境であったが、困ったことにキャンパス内に引かれている電線の上をクリハラリスが歩き回り、ときどき感電死をすることがあった（〝バチッ〟と妙な音がして、空から焦げ目の入ったクリハラリスがポトリと落ちてきたときにはほんとうに驚いた）。DNAを分析するためにPCRを行っている最中にこの感電トラブルが起こるとたいへんである。短期間の停電となるため、PCRの機械（サーマルサイクラー）が止まってしまうのである。大きな被害はなかったが、ときどき実験の進行に支障をきたしたことがあった（当然のことながら、停電中は遠心機や恒温槽などの機器を使った実験が一切できなくなってしまう）。

さて、最後にもう一つクリハラリスの生物学的な特徴に関する興味深いお話をしておこう。私が台湾在職中に当時東京農工大学の博士後期課程の大学院生だった鈴木美成氏から連絡があり、「クリハラリスの体内に蓄積される微量元素に関する研究がしたい」との共同研究企画が持ち上がった。これは私にとって初めての視点の研究テーマであった。鈴木さんは、このときすでに日本に生息するクリハラリス移入個体群の肝臓の微量元素を分析しており、本種の肝臓にはなぜか高濃度の〝銅 Cu〟が蓄積されていることを発見していた（鈴木ほか 二〇〇四）。そして、この金属元素が蓄積されるという現象をさらに解明するために、半導体の製造が重要な産業の一つである台湾において、六カ所（苗栗縣、宜蘭縣、花蓮縣、台東縣、彰化縣、屏東縣）からクリハラリスを採集し、半導体製造時に使用される金属元素（ガリウムGa、カドミウムCd、インジウムIn、タリウムTl）および半金属元素（ヒ素As）の蓄積量を分析したのである。その結果、驚いたことにこれらの微量元素が高濃度でクリハラリスの腎臓、肝臓、肺、筋肉に蓄積されていることが明らかになった（Suzuki *et al.* 2007）。とくに、台湾の半導体の製造拠点である新竹縣のすぐ隣の苗栗縣で捕獲されたクリハラリスからは、高濃度の微量元素が検出されたのである。どのようなプロセスを経てこのような微量元素の蓄積が生じているのかは正確にはわからない。しかしながら、クリハラリスが自然状態でヒ化ガリウム（GaAs）などに暴露した結果であることは十分考えられる。半導体の生産がさかんな台湾において、これにともなう環境汚染を測るための指標生物としてクリハラリスを利用することにより、化学的な汚染による環境の変化を防ぐことができるかもしれない。半導体は現在世界的な需要が見込まれており、日本でも生産拠点の確保が叫ばれている重要な部品の一つである。半導体の世界的な増産は確かに必要であろう。しかしながら、この生産活動にともなう環境の変化についても私たちは注意する必要があるだろう。クリハラリスの環境指標生物としての利用可能性は、本種が至るところに生息している台湾ならではの今後の検討課題の一つであると私は考えている。

本節の最後にクリハラリスに関する外来種としての問題について書いておきたい。クリハラリスについては、日本では移入外来種として問題になっていることをすでに述べたが、これは日本だけの問題ではないのである。現在、イタリア、フランス、そしてアルゼンチンにおいても社会問題となっている。アジア産のリス類が外来種として世界的に分布を広げた例はおそらく本種のみであろう。二〇一五年の夏に日本哺乳類学会とアメリカ野生動物学会が合同で〝国際野生動物管理学術会議（IWMC 2015）〟を札幌で開催したのであるが、この際に私は「移入クリハラリスに関するシンポジウム」を企画し、この問題に取り組んでいる世界の方々に講演をお願いしたことがある。日本からは、長年この問題を扱っている森林総合研究所主任研究員の安田雅俊博士、イタリアからはトリノ大学生命科学・システムバイオロジー学科教授のサンドロ・ベルトリノ博士、台湾からは林良恭博士、そして総合司会を私の友人で世界のリス類研究者のリーダー的存在であるアリゾナ大学天然資源・環境学部教授のジョン・コプロウスキー博士（現在はワイオミング大学ハウブ校環境天然資源学部長を務められている）にお願いした（コプロウスキー博士には、クリハラリスに限らず移入リスに関する総論的な講演もしていただいた）。安田さんは九州の半島部（熊本県の宇土半島）や離島（大分県大分市の高島）でクリハラリスの完全駆除を目指して活動を続けられていて、私とは長い間アジア産リス類を対象として共同研究を続けている。イタリアのベルトリノ博士は、ヨーロッパにおいて長年本種が生息可能な環境条件を調べている。本来亜熱帯や熱帯に分布するクリハラリスにとって、イタリアやフランスはかなり寒冷な環境である。実際に日本におけるクリハラリス個体群は積雪地帯にまで分布域を拡張することができていない。地球温暖化にともない、今後の分布がどのようになるのかはわからないが、生息環境条件モデルの構築は興味深い研究テーマである。台湾の林博士は台湾国内における移入問題を紹介してくれた。台湾本島では至るところに見られるクリハラリスであるが、台湾本島の南東部に位置する小島の〝緑島〟と中国の福建省のすぐそばの小島の〝金門島〟には分布していなかった。しかし、これらの島嶼に人為的にクリハラリス個体群が持ち込まれてしまったのである。現在、駆除活動が進んでいるようであるが（正確な情報については不明である）、個体群の撲滅には至っていない（林良恭博士が指導する大学院生が島嶼個体群の形態・生態などの生物学的な特徴をテーマに研究をしたことがある）。このように、クリハラリスがいったん移入されてその地域に定着してしまうと、簡単には駆除することはできない。時間が限られていた本シンポジウムでは、こういった移入およびその対策の現状を紹介するだけで終わってしまったが、おたがいの状況を認識し、情報を共有することができただけでもまずまずの成果であったと考えている。そして、今後の温暖化の進行にともない、クリハラリスがさらに世界的に分布域を拡大することがないよう私たちは国際的に情報交換をし、状況の把握には十分留意すべきであろう。

移入リス類に関する余談であるが、台湾に着任した最初の年に私は突然台湾のテレビ番組の取材を受けることになる（どのテレビ局であったのかはよく憶えていない）。台湾のペットショップで、海外から輸入されたジリス類（マーモットやプレーリードッグのような地中に穴を掘って住んでいるやや大型のリス類である）が販売されており、これらがもし野生化した場合、どのようになるかといったインタビューをリス類の専門家として受けたのである（台湾では初めてのメディア出演となり、台湾東海大学生物系の先生方に「あなたはＴＶスター！」と冗談をいわれた）。ジリスの仲間は樹上性や滑空性のリス類とは生態的および形態的に大きく異なっており、正直私はジリス類については専門家といわれても困ってしまう。このため、私にとってはなかなかむずかしいインタビューであった。私は「簡単には将来予測はできないが、温暖な台湾の環境において、ジリスたちがすぐに死んでしまうことはないだろう。

採食物や営巣場所などの条件が合致すれば移入種として台湾内に定着する可能性も考えられるかもしれない」と答えておいた。けっきょく野外におけるジリス類の定着はその後、台湾では起こらなかったため、これはたんなる取り越し苦労で終わってしまった。ペットショップで売られていたものの、ジリス類の放獣問題などは最終的に起きなかったのかもしれない。本件についてはマスコミにこれ以上取り上げられることはなかったが、国際的にさまざまなペットが取引をされている現在の状況において、外来種問題はつねに注意しなければならない哺乳類研究者の課題の一つである。外来種問題については第4章でも少し触れることにしたい。

クリハラリスは、本章で紹介したとおり進化生物学、生理学、環境科学、生態学、行動学、形態学、野生動物管理学などのさまざまな分野で研究対象とされた（されている）のである。一種の動物を多角的に見ることで広がる科学の可能性を存分に感じさせてくれるリスであると私は認識している。そして、たまたまクリハラリスでこのような知見が蓄積しているが、野生哺乳類はじっくりといろいろな角度から調べることによって、もっともっと貴重な情報を私たちにもたらしてくれるのかもしれない。本種は、ある哺乳類種を研究するにあたっての研究姿勢を考える際のよきモデルであると私は考えている。

3　ネズミ類――高山の草地と森に暮らす

台湾には、現在計一四種のネズミ類が分布している。日本でもお馴染みのヒトの生活環境と密接に関連したドブネズミ・ハツカネズミ、日本では近年減少傾向にある小型のカヤネズミ、日本では沖縄にのみ分布するオキナワハツカネズミと同種とされていたが近年別種として分類が変更されたタイワンハツカネズミ、低海抜で見られるコキバラネズミ、インドから移入されたとされ低海抜に生息する大型のオニネズミ（移入種か在来種かについては議論の余地がある）、樹上でも生活をするタイワントゲネズミ・ヤワゲクリゲネズミ、東南アジアに広く分布し日本の宮古島でも外来種として記録されているポリネシアネズミ、準高海抜に生息するタイワンモリネズミ・ビロードネズミ、アジアに広く分布するセスジネズミ・タネズミ、そして高海抜に生息するキクチハタネズミが台湾に生息しており、このうち、タイワンハツカネズミ、タイワントゲネズミ、ヤワゲクリゲネズミ、タイワンモリネズミ、キクチハタネズミの五種は台湾の固有種である（Motokawa and Lin 2020a, 2020b）。

本書では、これら台湾産のすべてのネズミ類を扱うことはできないが、台湾の哺乳類を山脈や山地という地勢の特徴から考えるため（滑空性および樹上性のリス類の場合と同様である）、高山に生息する四種のネズミ（キクチハタネズミ、ビロードネズミ、ヤワゲクリゲネズミ、およびタイワンモリネズミ）について紹介をしたい。

高山に生息するネズミ

台湾産ネズミ類のなかでもっとも高海抜（およそ二〇〇〇メートル以上）に生息するのが〝キクチハタネズミ〟である（中国語では〝台湾田鼠〟である）。本種は、鳥類学者であり、また現在の日本哺乳類学会の前身組織であった〝日本哺乳動物学会〟の創設者の一人でもある黒田長禮博士によって一九二〇年に新種として記載された。当時の台湾は日本の統治下にあったため、建前上は日本人が新種として

写真17　合歓山（図1）の調査地（キクチハタネズミの生息環境）（撮影：押田龍夫）。

記載した最初の日本の固有哺乳類種が本種ということになる。本種は、前述の玉山国立公園の限られた場所でのみ見ることができるめずらしいネズミであり、台湾の固有種である。高山帯の針葉樹林、および森林限界（低温などの影響で高木が生育できず、森林が形成されなくなる山の高さの境界線）を超えた草地環境に生息する（写真17）。毛色は、腹部が濃灰色で、頭部・背部は褐色であり（写真18）、大きさは、頭胴長が約一〇～一三センチメートル、尾長が六・六～九・六センチメートル、体重が五〇グラムほどである。本種は高山帯に生息域が限定されることから、台湾内の異なる地域個体群間で遺伝的に大きく異なることが知られており（種内での変異が大きい）、その違いは、後述する準高海抜に生息するヤワゲクリゲネズミおよびタイワンモリネズミで見られる種内の遺伝的変異と比較すると約四～六倍にもなることが報告されている（Yu 1995）。この研究はＤＮＡの塩基配列ではなく、遺伝的なマーカーとして酵素タンパク質を用いたやや古い手法で実施されたものであるが（もちろんその当時は広く行われていた一般的な分析技術であった）、結果については納得のできるものであろうと私は考えている。すなわち、異なる山の頂の間ではキクチハタネズミの個体群が地理的に隔離されており、簡単には行き来することができない状況が継続されているのである。ちなみに、この発見をしたのは滑空性リス類の節で紹介した私の共同研究者でもある台湾大学動物系の于宕燦博士であった。

写真18　キクチハタネズミ（撮影：張仕緯）。

私の台湾在職中に、恩師である弘前大学の小原良孝先生が台湾にお出でになられたのであるが、このときに台湾中部の海抜三〇〇〇メートルを超える〝合歓山〟（図1）の山頂付近へキクチハタネズミの採集調査に出かけたことがあった。草地を調査地（捕獲場所）として選び、ネズミ類などの小型哺乳類を捕獲するのに汎用される〝シャーマントラップ〟という罠を仕かけたのであるが、幸いにも数個体を採集することができた。キクチハタネズミの生態については よくわかっていないが、台湾大学の研究グループによる本種の食性に関する研究結果では、高山帯に生育するササ類の一種の葉やタケノコをおもに採食することが明らかになっている（Yeh *et al.* 2012）。私自身は本種の研究に直接関わったことはないのであるが、台湾東海大学生物系の大学院生で、学部時代に私の授業を履修していた呉榮笙（ウ・ウーロン）さんが修士研究で繁殖に関する発見をする（Wu *et al.* 2012）。ちなみに呉さんも林良恭博士の研究室に所属していた。呉さんは、キクチハタネズミ個体を捕獲後、マーキングをしてから野外に放し再捕獲するという試行を繰り返して、捕獲された複数の地点の位置情報から本種の行動圏を分析した。マーキングについては、かわいそうではあるが、指先を切断して個体を識別するという方法（切指法）を当時は用いていた。前肢と後肢の指先の切り方のバリエーション（組み合わせ）で多くの個体を識別することができるのである。さて、呉さんが行動圏を分析した結果、一個体のオスと一個体のメスがほぼ重複した行動圏を持っており、さらに、生まれた仔の父親をDNAレベルで調べた結果（切断した指先の組織から適量のDNAを抽出することが可能である）、父親は、母親とほぼ同じ行動圏に生息するオス個体だったのである。ハタネズミの仲間は乱婚性であることも多いのであるが、キクチハタネズミは一夫一妻の繁殖様式を持ち、行動圏も一緒で、雌雄で生涯添い遂げるようなイメージである。〝添い遂げる〟はいささかオーバーな表現であるかもしれない。ネズミの仲間はそもそも生態系のなかでは、食肉類や猛禽類などに捕食されるため、平均寿命も長くはない（一～三年程度であろう）。この短い期間に同じエリアに生息していれば、相思相愛の強い絆で添い遂げようとする意志がなくても結果的に添い遂げることになるのかもしれない。

キクチハタネズミの分布は高山帯に限られていることから、なかなか調査地へアプローチするのがたいへんであるが、地勢的に限られた調査地のなかでいろいろな生態学的な実験をデザインすることができそうである。限られた生息地のなかでは、近親交配などの影響が見られるかもしれない。また、この限られた生息地から別の生息地へと分散する仕組みについても遺伝学的な証拠から追跡することができるかもしれない。キクチハタネズミは、台湾の高山帯という狭小な環境のなかで進化を遂げた固有種であると考えられ、生態学、さらには進化生物学のモデル動物としてたいへん興味深い研究対象であろうと私は考えている。

写真 19　ビロードネズミ（撮影：張仕緯）。

準高海抜に生息するネズミ類

さて、私が直接研究に携わった高山帯に生息するネズミ類を一種紹介しておこう。ビロードネズミという ネズミが海抜一四〇〇〜三〇〇〇メートル（分布の中心は準高海抜）の森林やササ類が優占する草地に生息している。本種は台湾の固有種ではなく、ユーラシア大陸南部にも広く分布する。近年のDNAの塩基配列を用いた解析結果では、中国南部の個体群が台湾産個体群と近縁であることが示されている（Lv *et al.* 2018）。本種の毛色は、頭部・背部は黒色に見え、腹部は濃灰色であり、中国語では〝黒腹絨鼠〟である（写真19）。私は初めて本種を見たときに、とにかく「黒いネズミだな」と思った。そして、毛質がとてもしなやかで、ビロードネズミという和名をよく理解することができた。大きさは、頭胴長が

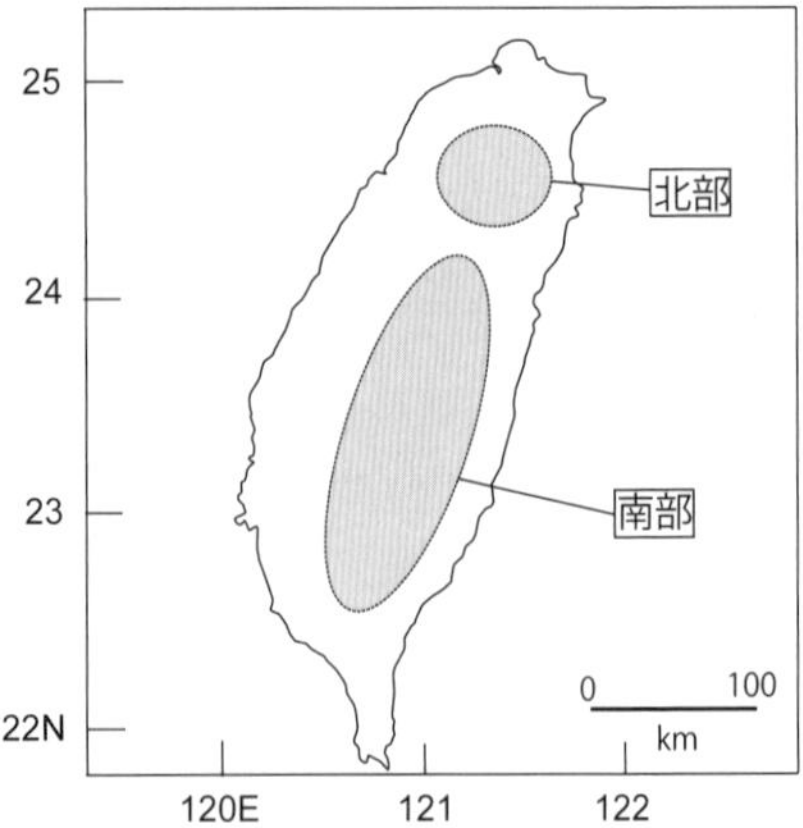

図3　タイワンモグラジネズミ、タイワンモリネズミ、ビロードネズミは南北の個体群が遺伝的に異なる。

約九・三〜一〇・三センチメートル、尾長が約三・六〜四・〇センチメートル、体重が一八〜二二グラムほどであり、台湾のネズミ類のなかでは尾が一番短い。そして、頭部がやや大きめで、鼻も短く、ネズミ類のなかではかなり〝かわいい顔立ち〟であると表現してもよいだろう。ビロードネズミの生態に関する情報は多くはないが、一回の産仔数が一〜三匹であることが知られている。

本種については、台湾東海大学生物系の修士大学院生だった張育誠（チャン・イーツン）さんがおもしろい発見をすることになる（私は、張さんの修士研究の指導を台湾で実質的に担当することになった）。前述の樹上性リス類のクリハラリスでは、台湾内で山脈による個体群の隔離が遺伝的に示された。はたして高海抜に生息する種ではどうであろうか。ムササビ類二種で実施した台湾内における個体群の遺伝的分化をネズミ類でも調べてみることは、台湾の哺乳類の歴史をまた一つ明らかにすることにつながるに違いない。張さんは、前述のシャーマントラップを用いて台湾全域からビロードネズミを採集し、ＤＮＡの塩基配列にもとづいてこの問題を調べたのであるが、驚いたことに本種は台湾の南北で遺伝的に異なる二つのグループに分かれることが明らかになったのである（図３）。この発見については、現在英語の論文を準備中のため、くわしいことについては本書での記述を避けるが、張さんはこの結果を中国語で修士論文にまとめ、また、台湾内でのシンポジウムなどで発表をしている。なぜ南部個体群と北部個体群が遺伝的に創出されたのであろうか。地球の歴史を振り返ってみると、更新世（約二五〇万年前から約二万〜一万年前の間）において、寒冷な氷期と温暖な間氷期が繰り返されていたことが一般に知られている。高山帯に生息するビロードネズミの場合、寒冷な気候時におそらくその分布域を拡張するチャンスが訪れ、温暖な気候時には、生息環境が冷涼な高山帯に分布が限定されてしまい、個体群の地理的な分断が起こりやすかったのではないかと私は考えている。更新世の間氷期において、ビロードネズミは生息域を拡大することがむずかしく、台湾の南部と北部の山地に局地的な〝避難所（レフュジア）〟を形成し、このレフュジア間の交流が一時的に断たれる状況が続いたのかもしれない。現在（完新世）は間氷期と同様の状況であるため、本種個体群はこのレフュジア（かなりの範囲かもしれないが、海抜レベルでは限定されている）に分布をしており、まれにこのレフュジア間で交流があるような状況なのではないだろうかと私は考えている。この問題については、後述する〝モグラジネズミ〟のところでも取り上げて紹介し、さらに、第4章でまとまった議論をしたい。

さて、ここで悲しい、残念なお話をさせていただきたい。ビロードネズミの研究を修士課程で精力的に行った張さんであるが、二〇二二年三月に急病で他界した。まだ四二歳の若さであった。彼は私の仕事をほんとうによく手伝ってくれ、明るい、そして、台湾東海大学の野球クラブに所属するスポーツマンだった。私の授業と彼の野球の試合が重なってしまった際には「先生、野球の試合があるので台北に行かせてください。授業を休んですみません」と事前に謝りにきてくれた。私は「了解！　休んでもい

写真20　ヤワゲクリゲネズミ（撮影：張仕緯）。

いけど、試合でホームランを打つことが条件！」と冗談で話したのであるが、彼はみごとにホームランを打ってこの難題に応えてくれた。今でも忘れられない楽しいエピソードである。この場を借りて、張育誠さんの冥福を心から祈りたい。

さて、ビロードネズミと同じく準高海抜を中心に分布するネズミ類をさらに二種紹介したい。私が直接研究に携わった種ではないが、台湾固有種のヤワゲクリゲネズミ（写真20）とタイワンモリネズミである（写真21）。両種は、台湾の海抜一八〇〇メートルを超える高山帯の森林にしばしば同所的に生息するが、ヤワゲクリゲネズミはより大きな樹が存在する環境を、タイワンモリネズミは草地、ササ類、低木などが生育する環境を好む傾向がある（Adler 1996）。両種ともシャーマントラップを用いて普通に捕獲することができる。

ヤワゲクリゲネズミは、頭部・背部は灰褐色であり、腹部がクリーム色である。この腹部の色から中国語では〝高山白腹鼠〟と呼ばれている（写真20）。大きさは、頭胴長が約一三〜一五センチメートル、尾長が約一八〜二〇センチメートル、体重はオスで約八〇〜一〇〇グラム、メスで約七〇〜九〇グラムである。分布する海抜は、前述のビロードネズミとほぼ同様である。森林内において、ヤワゲクリゲネズミは、下生えの濃い場所、または落枝や岩などがある場所を利用する傾向があり、隠れ場所を提供してくれる環境を選択的に利用することが示唆されている（Yu 1993）。本種の生態に関する情報は多くはないが、繁殖は一年中行われているようで、一回の産仔数は二〜四個体であることが知られている。

写真21　タイワンモリネズミ（撮影：張仕緯）。

私との面識はないが、特有生物研究保育中心（センター）の許富雄（シー・フーショウ）博士らの研究グループは、ミトコンドリアDNAの塩基配列を用いてヤワゲクリゲネズミの台湾内における遺伝的な分化について調査を行った。その結果、前述のビロードネズミのような南北に分かれるパターンは見られず、台湾の個体群は遺伝的にあまり変異がないことが明らかになる（Hsu *et al.* 2000）。

さて、次にタイワンモリネズミである。本種の中国名は〝台湾森鼠〟であり、日本語の漢字表記と一緒である。本種の頭部・背部は灰褐色であり、腹部が淡灰色である（写真21）。本種は、海抜一四〇〇〜三七〇〇メートルに分布するが、一五〇〇メートル以下、そして三六〇〇メートル以上の地域にはあまり見られない。大きさは、頭胴長が約八・三〜九・五センチメートル、尾長が約一〇〜一二センチメートル、体重はオスで約二〇〜三〇グラム、メスで約二〇〜二五グラムである。本種の生態学的な研究結果については、これまでにいくつかの報告があり、その草分け的存在が台湾東海大学生物系の林良恭博士なのである。林博士は、このタイワンモリネズミの生態学をテーマに九州大学農学部で博士（農学）の学位を取得しており、博士課程での研究期間中にさまざまな新発見をして、それらを論文として報告している。林博士の観察によると、タイワンモリネズミの繁殖には年二回のピーク（春季と秋季）があり、一回の産仔数は二〜七匹で、妊娠期間は約二〇日間であると推定されるそうだ（Lin and Shiraishi 1992a）。さらに、春季に産まれた仔より、秋季に産まれた仔のほうが大きい傾向があることが飼育下で観察されている（Lin and Shiraishi 1992a）。本種の食性については、林博士が胃の内容物からなにを食べたのかを分析している（Lin and Shiraishi 1992b）。乾季（一〇〜三月ごろまで）と雨季（たんなる雨季は四〜六月であるが、台風シーズンを含めると四〜九月である）では食性が異なっており、乾季の二月ではおもに緑葉を食べるが、雨季である八月の主食は緑葉とキノコ類となる。両期間において、種子や昆虫なども食餌として利用されるが、それらの占める割合は少ない。

特有生物研究保育中心の許富雄博士らの研究グループは、ヤワゲクリゲネズミと同様に、ミトコンドリアDNAの塩基配列を用いてタイワンモリネズミの台湾内での遺伝的な分化についても調べるのであるが、本種については、ビロードネズミの場合と同様に、南部の個体群と北部の個体群が分かれるパターンを示すことが明らかになっている（Hsu *et al.* 2001）。

この遺伝的に〝南北に分かれる・分かれない〟のパターンについては、第4章でくわしく議論するが、固有種であり、かつほぼ同じ海抜に分布していながら、なぜかある種は〝分かれる〟、そしてある種は〝分かれない（南北のみならず、とくに遺伝的に明瞭な個体群の分化はない）〟という異なった二つのパターンが見られ、これは、二つ（あるいはそれ以上）の異なる進化的な歴史が台湾の準高海抜に生息する小型哺乳類の背景に存在することを意味するだろうと私は考えている。〝進化的歴史の違い〟と書くと大言壮語すぎるかもしれない。平易な言葉を選ぶと〝環境の変化に対する各々の種の分布対応の違い〟といったことである。この〝分布対応〟についてはもちろん好き嫌いでなされたわけではなく、各々の種が生得的に持っている生態学的な特徴が決め手であったのだろうと私は考えている。この問題については、本章ではここまでの記述とし、第4章でいろいろと考えてみたい。

4　トガリネズミ類——台湾の固有種

台湾には、一〇種のトガリネズミ類が生息している。トガリネズミ類は一般の方にはあまり馴染みがない哺乳類のグループであるが（なぜか〝モグラ〟だけはかなり有名であるが）、台湾に分布するこれらの名前だけはまず最初に列記しておきたい。タイワンモグラジネズミ、ヒマラヤカワネズミ、タイワンケムリトガリネズミ、アリサンケムリトガリネズミ、タナカジネズミ、ニクショクジネズミ、アジアコジネズミ、ジャコウネズミ、タイワンモグラ、そしてヤマジモグラである。このうち、タイワンモグラジネズミ、タイワンケムリトガリネズミ、アリサンケムリトガリネズミ、タナカジネズミ、ヤマジモグラの五種は台湾の固有種である（Lin and Motokawa 2014）。リス類やネズミ類と同様、トガリネズミ類でも固有種が占める割合は多く、台湾内で独自の進化を遂げたと考えられる。トガリネズミ類についても本書ですべての種について述べることはむずかしいが、五種の固有種のなかからタイワンモグラジネズミ、タイワンケムリトガリネズミ、アリサンケムリトガリネズミ、そしてヤマジモグラを、また、固有種ではないがその可能性が示唆されるヒマラヤカワネズミを紹介したい。

高山〜準高海抜に生息するトガリネズミ類

台湾産トガリネズミ類のなかでもっとも高海抜に生息するのが固有種のタイワンケムリトガリネズミである（中国語では〝台湾煙尖鼠〟と書く）。そして、台湾産トガリネズミ類のなかで分布する海抜の幅がもっとも広い（一〇〇〇〜三六〇〇メートル）ことも本種の特徴である。針葉樹林・広葉樹林、および森林限界を超えた草地環境にも生息するが、下草が繁茂する環境を好む傾向がある（Alexander *et al.* 1987）（写真22）。毛色は、頭部・背部は灰黒色であり、腹部は灰色である（写真23）。大きさは、頭胴長が約五・三〜七・一センチメートル、尾長が約三・七〜五・二センチメートル、体重がおよそ五・七〜七・八グラムである。そしてもう一種、台湾中部の山地の準高海抜域（一五六〇〜二四三八メートル）にのみ分布する固有種がアリサンケムリトガリネズミである（中国語では〝細尾長尾鼩〟と書く）。広葉樹林にも生息するが、その生息地の環境は明らかではない。毛色は、頭部・背部は濃灰色であり、腹部は淡灰色である（写真24）。大きさは、頭胴長が約六・五〜七・一センチメートル、尾長が約六・四〜七・三センチメートル、体重が約四・二〜五・六グラムである。本種の生息数は多くないようで、残念ながら私は一度も自分で捕獲したことがない。

私の台湾在職中に、北海道大学大学院時代の先輩である北海道大学低温科学研究所助教の大舘智志博士が台湾にこられ、一緒にこれらのトガリネズミ類を捕獲することになった。大舘さんのご指導で、台湾中部の合歓山（図1、前述のキクチハタネズミを捕獲したところである）に〝ピットフォールトラッ

写真22　タイワンケムリトガリネズミの生息環境の一例（撮影：押田龍夫）。

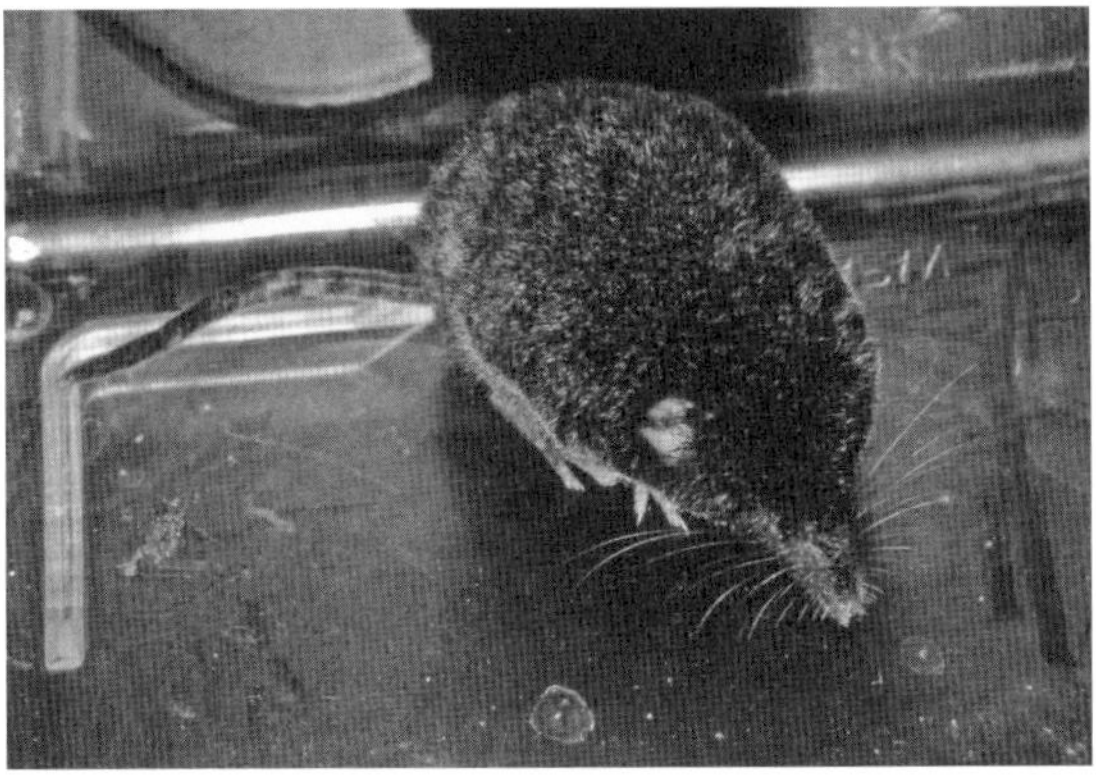

写真23　タイワンケムリトガリネズミ（撮影：張仕緯）。

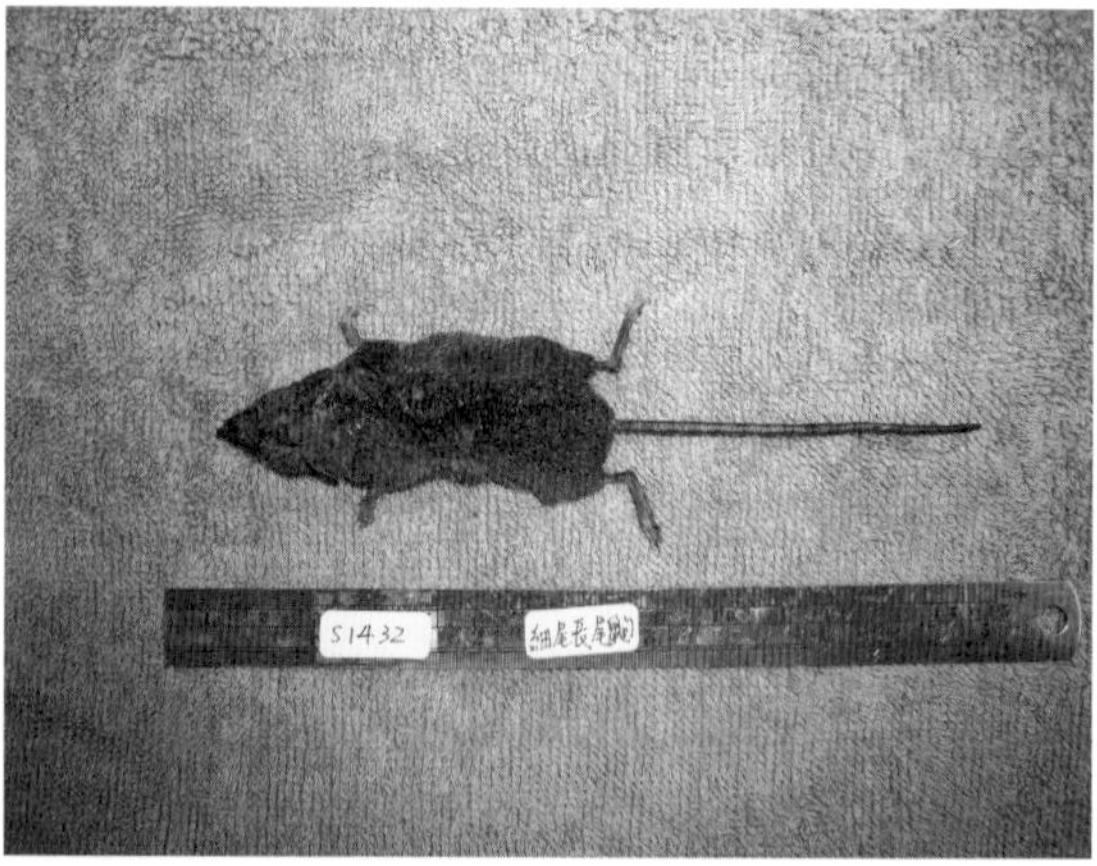

写真 24　アリサンケムリトガリネズミ（撮影：張仕緯）。

プ〟を仕かけたのであるが、ほんとうにたくさんのタイワンケムリトガリネズミ個体を捕獲することができた。この調査で用いたピットフォールトラップとは特別な罠ではない。じつは、台湾のドリンクショップや屋台で販売されているジュースやアイスティーなどの飲料用のプラスチックカップである。台湾の学生たちに、ドリンクを飲んだらカップを捨てずに洗って持ってきてくれるように伝えたところ、たくさんのカップがすぐに集まった。このカップは、日本のビアガーデンなどで生ビールの小サイズを入れる際の容器とよく似ている。七〇〇～八〇〇ミリリットルの容積で、高さも一五センチメートルくらいあり、トガリネズミ類の捕獲には格好のツールである。これを地面にすっぽり埋めておくと、夜間に餌となる昆虫を求めて地表を徘徊するトガリネズミ類がなかにポトリと落ち、プラスチックの内壁は滑るためそのまま這い上がれなくなってしまい、翌早朝のトラップ見廻り時に捕獲できるという寸法である。ただし、トガリネズミ類は代謝活性が非常に高く、高頻度で採食を続けないと餓死してしまう。死亡個体の採集が目的であれば早朝に見廻りをすればよいが、生きた個体を捕獲する場合は、ピットフォールトラップに餌を入れておく、あるいは見廻りの回数を多くする（三〜四時間おきくらいに見廻る）などの工夫が必要である。

タイワンケムリトガリネズミとアリサンケムリトガリネズミは、台湾の山地において、かなりの範囲にわたって同所的に分布しており、外観だけで両種を区別することはなかなかむずかしい。両種は、かつては同じ〝属〟に分類されていたり、また同種として扱われていたこともあったのである。しかしながら、ミトコンドリアＤＮＡの塩基配列の分析結果から、現在では明確に区別され、また、別種どころか別属レベルで系統的に大きく異なることがわかっている。本章の最初で述べたムササビ類二種で見られたように、両種は台湾内で分化したのではなく、各々に近縁な種が大陸部に分布しており、台湾内で固有種として各々進化を遂げたと考えることができる。

さて、次にもう一種、固有種のタイワンモグラジネズミを紹介しよう（中国語では〝山階鼩鼱〟と書く）。本種は、海抜二〇〇〇メートルでもまれに捕獲されるが、もっとも多く分布するのは一五〇〇〜三〇〇〇メートルの準高海抜である。針広混交林・針葉樹林・広葉樹林など、生息する環境はさまざまである。本種の毛色は、頭部・背部ともに黒色である。一見するとまさに〝モグラ〟のような形をしており（写真25）、〝モグラジネズミ〟という和名もうなずける。大きさは、頭胴長が五・一〜九・八センチメートル、尾長が〇・七〜一・三センチメートル、体重は約二〇グラムである。

私は、一度だけ本種を台湾の研究室で飼育したことがある。水槽（三〇×二〇×二〇センチメートルほどの大きさ）のなかにたくさんの細かいおが屑（実験動物用のチップ）を入れ、このなかに本種が潜ることができるような環境をつくってみた。さらに実験動物用の給水瓶を水槽の端に取り付け、ときど

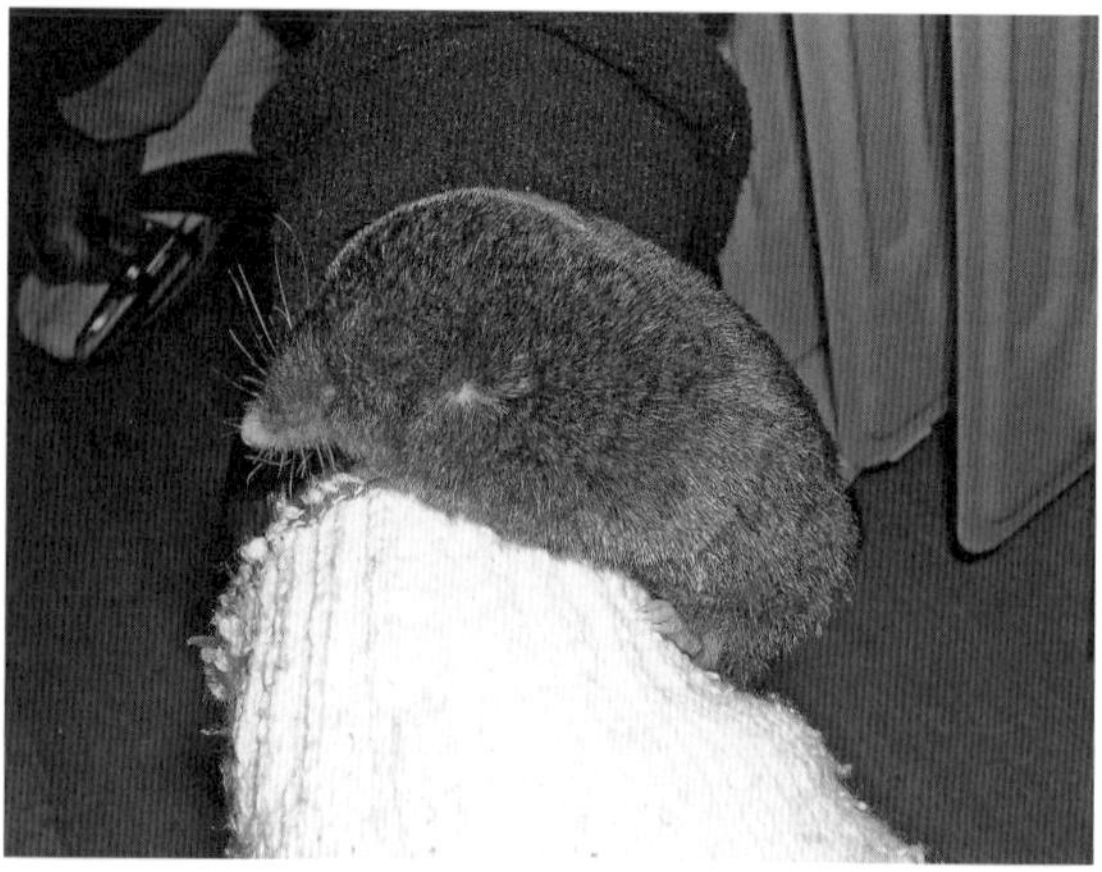

写真25　タイワンモグラジネズミ（撮影：張仕緯）。

き水槽のなかにミルワーム（釣りの餌にも使われる〝ゴミムシダマシ〟の幼虫である）を給餌するといった飼育方法であった。これが正しい飼育方法であるのか否か、もちろん当時の私にはわからなかった（正直、今でもよくわからない）。しかしながら、初めての試みとしてまずは飼育に挑戦してみた。その結果、この個体はとても興味深い行動を示してくれた。おが屑の山には明らかに二つの穴（両者の距離は十数センチメートルほど離れていた）があり、一つの穴から餌を食べるときに頭を出すのである。もう一つの穴はあまり形がはっきりせず、この穴の真下あたりでよく糞が見つかったことからトイレだったのかもしれない。前者の穴から顔を出したときにピンセットでミルワームを鼻先に近づけると、最初のうちはすぐにくわえて勢いよく食べてくれた。しかしながら、数日後、この活発な採食行動は見られなくなり、ある朝、おが屑のなかでこの個体は死亡していた（二〇年も前の観察日記を紛失してしまい、正確な期日をここに記せないことをどうかご容赦いただきたい）。すでに述べたとおり、トガリネズミ類は代謝が活発で、多くの餌を食べ続けていないと生命を維持することができない。最初に私は餓死を疑ったのであるが、餌として与えたミルワームは水槽内でたくさん生きており、餓死ではなく、別の原因があったのだと思われる。飼育の温度、湿度、おが屑という巣材、あるいは餌もミルワームだけではなくミミズなどのレパートリーを増やしたほうがよかったのかもしれない。残念ながら、いろいろな課題だけを残して終わることになった飼育実験だった。これ以降、本種の飼育は試したことがないが、今振り返ってみるとなかなかできない貴重な経験であった。

タイワンモグラジネズミについては、私が修士研究を指導した袁守立さんが立派な研究を仕上げてくれた。ネズミ類で見られた台湾内の遺伝的な変異のパターンを袁さんは、トガリネズミ類で初めて検証したのである。ビロードネズミやタイワンモリネズミで見られるような台湾の南北に分かれるパターンが見られるのか、それともヤワゲクリゲネズミやムササビ類二種で見られたようなとくに地理的に明瞭な分化が見られないパターンとなるのか、について簡単にお話をしたい。

袁さんが台湾全域からタイワンモグラジネズミを採集し、ミトコンドリアDNAの塩基配列を調べた結果、興味深いことに、本種も個体群が南北に分かれたのである（Yuan *et al.* 2006）。これはビロードネズミのところでも述べたが、過去に台湾の気候が大きく変化した期間があり、おそらく間氷期には台湾の南部と北部にタイワンモグラジネズミが生残するレフュジアが形成され（現在の完新世も温暖であるため、本種はレフュジアを形成しているのかもしれない）、この過去に起こった（現在も起こっている）事象が遺伝的な分化として検出されているに違いないと私は考えている。これについても第４章でくわしく述べることにしたい。

幻の存在だった台湾のカワネズミ

トガリネズミ類のなかには、山地の河川流域に生息し、泳ぎを得意とするカワネズミの仲間がいる。台湾にもそのなかの一種〝ヒマラヤカワネズミ（カワネズミは、中国語では〝水鼩〟と書く）〟が生息する記録があったが（Jones and Mumford 1971）、私が台湾に着任した当時、本種についてはもう長いこと確実な捕獲記録がなく、その生息自体が疑われるような空気になっていた。はたして本種は台湾に今でも生息しているのであろうか。たび重なる台風による河川流域撹乱の影響で個体群が縮小し、絶滅あるいは絶滅に瀕しているのではないだろうか。台湾内ではいろいろな予測が飛び交っていた。そのときに、北海道大学低温科学研究所の大舘智志さんが、大舘さんの（そして私の）恩師である阿部永先生（北海道大学農学部元教授）を台湾にお連れくださったのである。阿部先生は、カワネズミの仲間をはじめとするトガリネズミ類、そしてネズミ類などの小型哺乳類全般にわたる専門家であり、私も北海道大学大学院在学中はずいぶんとお世話になった。動物の捕獲がとにかくじょうずで、トラップを設置する場所と設置方法については、簡単には真似することができない、まさに名人ならではの技を持たれていた。私は学生たちに「阿部先生の捕獲技術はまさに神業で、しかもカワネズミ類はご専門！　阿部先生なら必ずや台湾のヒマラヤカワネズミを捕獲できる」と話したところ、〝日本の哺乳類学の神様が降臨する〟そして〝神様が幻のヒマラヤカワネズミを捕獲する〟というなんとも大げさなことになってしまった。台湾中部の南投縣の山地へ出かけ、河川に沿って罠を設置したのであるが、台湾東海大学の学生だけではなく、他大学の学生たちまで同行することになり、ヒマラヤカワネズミ捕獲のやや大きめなイベントに発展したのである。阿部先生の捕獲方法はきわめてシンプルであった。〝パンチュートラップ〟という動物個体をはさんで捕らえる罠をセットして、途中の市場で買った魚（川魚ではなく適当な海の魚である）をハサミでブツ切りにして餌として置いておくだけである。しかしながら、罠を設置する場所については倒木や流木などの有無を考慮して、いろいろと工夫をされていた。ここが名人技の大切な部分なのである。トラップ設置の結果、阿部先生はみごとにヒマラヤカワネズミを捕獲され、台湾のカワネズミ個体群絶滅説を明瞭な証拠で否定してくださった。このときによく憶えているのが、阿部先生がいわれていた「ヒマラヤカワネズミが生息していれば獲れます。生息していない場合は獲れません」というお言葉である。「ヒマラヤカワネズミが〝生息しているのに獲れない〟」は、阿部先生にはまずありえないという、まさに名人ならではのお言葉であった。

写真 26　ヒマラヤカワネズミ（撮影：張仕緯）。

こうして台湾におけるヒマラヤカワネズミの存在が証明された。ヒマラヤカワネズミは、台湾そして中国南部・東南アジアに広く分布する。体毛色であるが、背部はスレートブラック、腹部は濃灰色である。大きさは、頭胴長が約九・五センチメートル、尾長が約一〇センチメートル、体重は約三〇グラムである（写真26）。タイワンモグラジネズミの研究で修士号を取得した袁さんは、博士課程ではこのヒマラヤカワネズミの研究に取り組むことになる。この直後に、私は日本の大学への異動が決まり、袁さんの実質的な指導を継続することができなくなった。しかしながら、引き続き、学外の博士課程院生の副査として彼の研究を見守ることとなった。袁さんは、博士課程でも興味深い発見をしてくれた。多くのカワネズミ種、そして大陸産・台湾産のヒマラヤカワネズミ集団を含めてミトコンドリアDNAの塩基配列の解析を行い、アジア産カワネズミ類の系統進化の道筋を明らかにしたのである（Yuan *et al.* 2013）。この論文の一部として、台湾産と大陸産の個体群について比較解析を行った結果、両者は大きく異なっており、これは別種レベルであるかもしれないことが示唆された。現在のところ両個体群は別種として扱われてはいないが、台湾産個体群の分類は今後の検討課題である。台湾の固有哺乳類種が将来また一種増えることになるかもしれない。

台湾のモグラたち

私が台湾に赴任したころ、台湾東海大学の林良恭博士は台湾に生息するモグラ類（モグラは日本語の漢字では〝土竜〟であるが、中国語では一般に〝鼴鼠〟であり、〝穿地鼠〟という別名もある）の分類・系統に興味を持たれていた。そして、大阪市立大学の原田正史助教授（当時）と共同で台湾産モグラを研究するプロジェクトを企画されていた。このプロジェクトに加わり、後に大発見をするのが当時まだ名古屋大学の大学院生であった川田伸一郎博士（現国立科学博物館動物研究部研究主幹）である。

台湾に分布するモグラは最初〝タカサゴモグラ〟一種であるとされていた。しかしながら、台湾には低海抜と高海抜にモグラが分布しており、高海抜のものは別種の〝ヤマジモグラ〟であることを大正から昭和の中ごろにかけて活躍した動物学者の岸田久吉氏が唱えていたという証拠が発見されている。残念ながら、岸田氏は学術論文として本種を記載報告しなかったため、世界的にはこの新種は認められていなかった。また、モグラは素人には捕獲がとてもむずかしく、とくに高山帯に生息する個体群となるとその生息場所に行くことも厄介であるため、この問題は置き去りにされたままとなっていた。このヤマジモグラの形態的特徴、染色体、そして共同研究者の助けを借りてＤＮＡ塩基配列まで調べ上げ、新種として記載したのが川田さんなのである（Kawada *et al.* 2007）。

川田さんは、台湾で広くモグラの採集を行い、最終的には、低海抜に分布するタカサゴモグラは地理的に台湾の「北西部」に分布し、高海抜に分布する〝謎のモグラ〟は、台湾の「南東部」に分布することを突き止める。高山帯のみではなく、南部の平地でも川田さんは謎のモグラを捕獲するのである（モグラの捕獲には専用のパイプ罠が市販されているが、素人にはこれをセットする場所選びのコツがなかなかわからない）。川田さんが両モグラの染色体数を調べた結果、どちらも三二本であり、その形については違いがないことが判明する。しかしながら、身体の大きさや毛色には明瞭な違いが認められた。タカサゴモグラの頭胴長は約一三センチメートル、体重が約五〇～六〇グラムであるのに対し、謎のモグラの頭胴長は約一二センチメートル、体重は約四〇～五〇グラムとかなり小型である。そして、尾の長さを比べてみると謎のモグラのほうが長いのである。また、毛色もタカサゴモグラがやや褐色味を帯びた灰色であるのに対し、謎のモグラは黒色に近いような濃灰色である。さらに、川田さんの研究グル

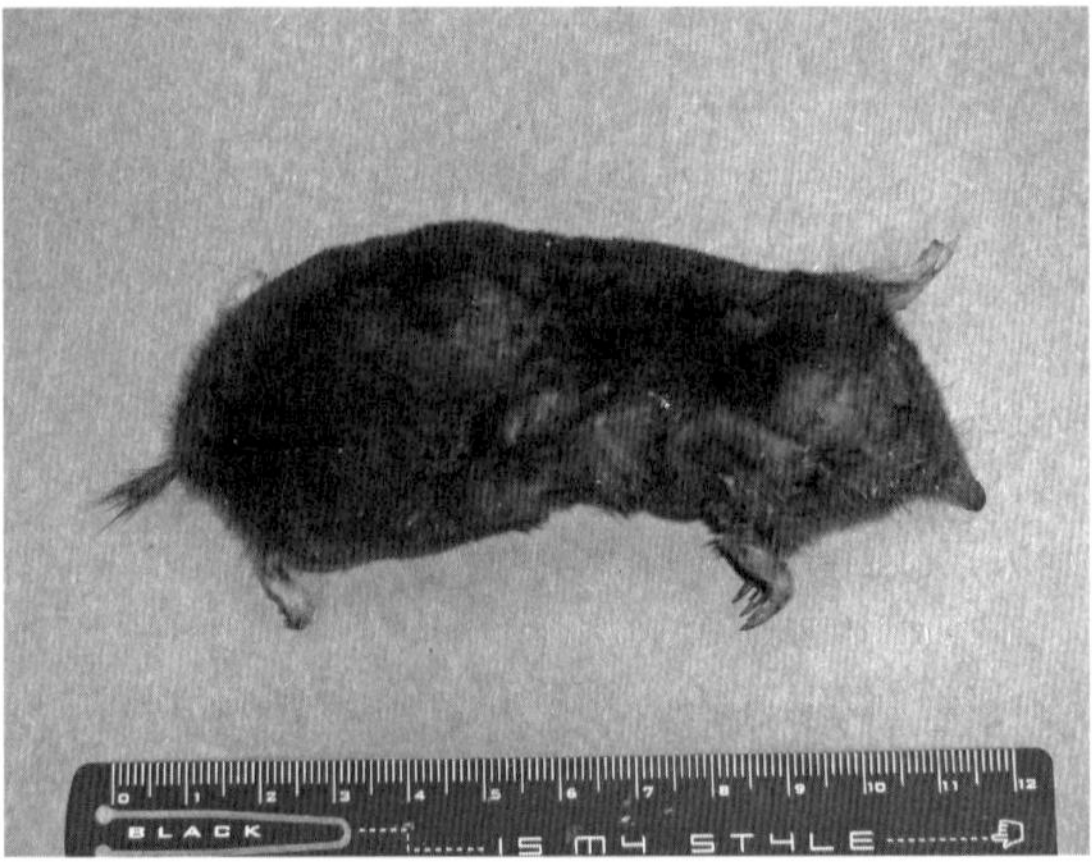

写真27 ヤマジモグラ（撮影：張仕緯）。

ープによるDNA塩基配列の分析結果から、やはり、台湾の北西部集団と南東部集団は大きく異なることが明らかになる。こういった証拠を綿密にそろえて、川田さんは台湾の南東部に生息する謎のモグラを固有種〝ヤマジモグラ〟として記載することになる（写真27）。川田さんはこれまでもモグラに関するいろいろな著作を書かれており、読者諸氏のなかにはこれらを読まれた方もおられるのではないだろうか。川田さんは私が研究生として過ごした弘前大学の小原良孝先生の研究室の出身で（私よりやや年下の後輩であったため、在学期間が重なることはなかった）、形態学・染色体に関する技術はほんとうにじょうずな頼もしい研究者である。ヤマジモグラに興味がおありの方は、ぜひ川田さんの著書（たとえば、川田 二〇一〇）を参照していただきたい。

台湾には一一種の食肉類が分布している。大型のものでは、日本のツキノワグマと同種で台湾の絶滅危惧種に指定されているタイワンツキノワグマ、中型のものでは、絶滅した可能性がきわめて高いウンピョウ（本種が絶滅したとすると、台湾に生息する食肉類は一〇種となる）、小型種では、日本では外来種であるハクビシン、日本には亜種イリオモテヤマネコとツシマヤマネコが生息するベンガルヤマネコ、ユーラシア大陸の中部〜北部におもに分布するイイズナ、ユーラシア大陸の中部におもに分布するシベリアイタチ、東南アジアに広く分布するジャコウネコ、カニクイマングース、キエリテン、イタチアナグマ、およびユーラシアカワウソである。これらの種は、カニクイマングースとユーラシアカワウソを除き、すべて台湾固有の亜種名がつけられている。固有種は含まれないが、食肉類も台湾で固有亜種化を遂げた進化的に興味深いグループであるととらえることができる。

写真28　ハクビシン（撮影：張仕緯）。

　食肉類についてはヒトの健康問題と絡んだいくつかのエピソードがある。たとえば、二〇〇二〜二〇〇三年に重症急性呼吸器症候群（SARS）が東アジアで発生した際に、中国南部の野生動物マーケットで食用とされていたハクビシン（写真28）からヒトへのSARSコロナウイルス感染が疑われた（本症はコロナウイルスの一種による感染症であった）。現在、新型コロナウイルス感染症（Ｃｏｖｉｄ－19）が世界的な問題となっているが、私が台湾滞在中に発生したＳＡＲＳは、症状が重く致死率が高い（確か九～一〇パーセントくらいだったと記憶している）という特徴があったため、台湾社会を震撼させる大問題となった。毎朝のように台湾東海大学の教員・学生は事務室に行き、まずは検温をしないといけなかった。検温がすむと直径一センチメートルほどの大きさの〝その日のカラー円形シール〟が襟に貼られ、「私は本日ＳＡＲＳの感染検査済みでかつ異常なしである」ことを証明するマークとなった。このシールの色は毎日異なり、当日の朝まで何色が配られるのかがわからないので、以前のシールを使用したごまかし行為ができない仕組みになっていた。当時の私の記念写真を眺めてみると、つねに襟にはカラフルな丸いシールが貼られており、あらためてあのころの緊張感がよみがえってくる。このときの台湾社会の感染症に対する経験値が、おそらくＣｏｖｉｄ－19感染への迅速な対応につながったのではないだろうか。Ｃｏｖｉｄ－19感染拡大時点での台湾政府の抑え込み、マスクの配布システムの構築などの対応はほんとうにみごとであった（日本は大いに見習うべきであろう）。さて、話をもとに戻そう。ＳＡＲＳウイルスであるが、けっきょくハクビシンが持っていたものはヒトのものとは異なるタイプであることが後日判明し、アメリカの科学雑誌サイエンスに報告される（Guan *et al.* 2003）。この論文によって、一応ハクビシンの感染媒介容疑は晴れたわけであるが、野生哺乳類がＳＡＲＳの感染にどのような役割を果たしたのかについては、はっきりとした結論に至っていない。また、台湾では、二〇一二～二〇一三年に野生哺乳類の感染症モニタリングを実施したところ、イタチアナグマ（写真29）から狂犬病が検出されて大さわぎとなった（台湾東海大学の林良恭博士は台湾のテレビ討論番組に引っ張り出され、この問題を野生動物の専門家として解説していた)。狂犬病ウイルスがなんらかのプロセスで最近台湾内へ持ち込まれ、そこから野生のイタチアナグマに感染が広がった可能性は考えにくい。おそらく狂犬病ウイルスは、イタチアナグマなどの野生哺乳類によってずっと以前から台湾内で維持されており、これが今回のモニタリング調査の結果、たまたま検出されることになったと考えるのが自然な解釈であろう。狂犬病ウイルスのヒトへの感染については、ことさら神経質にならなくてもよいと思われるが、野生哺乳類との接触に際しては、感染予防に十分配慮したほうがよい。ちなみに東南アジアを中心に長年研究活動を続けている私は、狂犬病ワクチンの接種を継続しており、つねに免疫を維持している。さて、このようなエピソードがある食肉類であるが、本書では、これらのなかから、私が少しだけ研究、あるいはその研究者に関わることになったイイズナ、ベンガルヤマネコ、そしてウンピョウの三種を選んで読者諸氏に紹介したい。

写真 29　ケージ罠で捕獲されたイタチアナグマ(撮影:張仕緯)。

高山～準高海抜に生息する謎のイイズナ

私が林良恭博士の研究室を最初に訪れた一九九七年に驚いた事件があった。台湾では、日本に生息しているオコジョやイイズナのような小型のイタチ科食肉類の分布は知られていなかったのであるが、なんとオコジョのような動物が海抜三〇〇〇メートルを超える場所（キクチハタネズミやケムリトガリネズミを採集した〝合歓山〟の山頂付近の草原である）で捕獲されたのである。林博士の研究室でこの捕獲された謎の小型食肉類が水槽のなかで飼育されており（写真30、写真31）、大さわぎとなっていた。はたしてこの動物はオコジョなのか。イイズナであるのか。それともこれまでに知られていない新種の食肉類であるのか。いずれにしてもこれは大発見である。このときが初捕獲であったが、このような科学的な問題に直面したときには、やはり複数の謎の食肉類個体を捕獲して、その分布や生息地をしっかりと把握することが重要である。一個体だけの発見では偶然逃げてしまったペットや実験動物などの飼育個体であった可能性も考えられ、種として安定的に分布しているという保証がない。林博士は、台湾における謎の食肉類の存在を確固たるものとするための野外調査を開始する。私もこの謎の食肉類の捕獲地点（合歓山山頂付近）へと赴き、学生たちと一緒に自動撮影カメラを数台仕かけたことがある。残念ながら、このときはなにも撮影することができなかったが、未知の動物調査はとても楽しい経験だった。

さて、この謎の食肉類であるが、その後複数個体が首尾よく捕獲され、林博士は、頭骨や歯の形態、尾が相対的に長いこと、さらに染色体の特徴からイイズナの新亜種として記載報告することになる

(Lin *et al.* 2010)。これは京都大学総合博物館教授の本川雅治博士との共同研究であった。本川さんはトガリネズミ類などの分類について林博士と長年にわたる共同研究を行っており、私ともベトナムなどの東南アジアで共同研究プロジェクトを実施中である。新亜種としての記載に用いられた標本個体

写真 30　イイズナ（撮影：押田龍夫）。合歓山（図 1）の山頂付近で捕獲された個体。

写真 31　イイズナ（撮影：押田龍夫）。合歓山（図 1）の山頂付近で捕獲された個体（写真 30 と同一個体）。腹部の白い体毛がよくわかる。

（〝模式標本＝タイプ標本〟と呼ぶ）の大きさは、頭胴長が二〇・二センチメートル、尾長が九・三センチメートル、体重は九五・九グラムである。ミトコンドリアDNAの塩基配列については、細田徹治氏（当時、御坊商工高等学校教諭）が解析を行い、台湾産の個体がイイズナの種内の遺伝的変異の範疇に収まることを明らかにしている（Hosoda *et al.* 2000）。新種の発見には至らなかったが、イイズナという種が台湾に分布していることが明らかとなり、そして、それが新亜種であることが示されたのである（台湾に分布する哺乳類種が一種増えたのである）。これは新しい科学的知見の着実な蓄積である。私は、このイイズナ騒動で台湾の哺乳類のおもしろさにさらに一段と引き込まれた。まだまだ未知の哺乳類が生息しているかもしれない台湾は、やはりすばらしい調査地である。台湾産イイズナについてはその後の研究はあまり進んでおらず、生態についてはまったくわかっていない。おそらく同じ高海抜に生息するキクチハタネズミなどをおもに捕食しているのではと考えられるが、実態は不明である。そもそもずっと存在を知られていなかったほどのレアな哺乳類種であるため、調査自体もかなりむずかしく、これは仕方がないであろう。生態に関する研究は今後の課題である。

ベンガルヤマネコ

ベンガルヤマネコ（中国語では一般に〝石虎〟と書くが、〝豹猫〟、〝山猫〟や〝銭猫〟などの別名もある）は、アフガニスタン、パキスタン、インド、ネパール、バングラディシュ、中国南部～東部、海南島、ロシア東部、朝鮮半島、インドシナ半島、マレー半島、ボルネオ島、スマトラ島、ジャワ島など、アジアに広く分布し、日本でも西表島のイリオモテヤマネコと長崎県対馬のツシマヤマネコがそれぞれ固有亜種として知られている。大きさは、頭胴長五五〜六五センチメートル、尾長二七〜三〇センチメートル、体重三〜六キログラムほどである（写真32）。

私の恩師である北海道大学の増田隆一教授の研究グループが、ミトコンドリアDNAの塩基配列を用いて台湾産のものを含めた本種の進化的歴史を解析した結果、本種は大きく北方系の一つのグループと南方系の二つのグループに分かれることが明らかになった（Tamada *et al.* 2008）。南方系の二つのグループに含まれるのは、東南アジアに分布する個体群である。私は台湾産のベンガルヤマネコは東南アジアの個体群と近縁なのではと勝手に予想していたのであるが、これに反して、台湾個体群は北方系のグループに含まれ、韓国、極東域、そして日本産の二亜種と近縁であることが明らかになっている。ベンガルヤマネコは台湾の平地から山地にかけて広く分布している。分布域は広いが、個体数は多くはなく、台湾では絶滅危惧種として扱われている。本種の生態については、屏東科技大学野生動物保育研究所教授の裴家騏（ペイ・チャージー）博士のグループが報告（Chen *et al.* 2016）をしている。ちなみに、裴博士は、巨漢の酒豪で、私は台湾で何度かビールの飲み比べをしたことがあるが、かな

写真32　ベンガルヤマネコ（撮影：張仕緯）。

りの強敵であった。裴博士のグループは、台湾北西部の苗栗県で六匹のベンガルヤマネコを捕獲し、これに発信器を装着してその行動する範囲（行動圏）を調べる研究を行った。その結果、ベンガルヤマネコの行動圏の平均面積は約五平方キロメートルであり、オスはメスよりも行動圏が広いこと、そして、本種は夜行性であるが、雨季には薄明薄暮によく活動し、乾季には活動時間帯が不規則になることを報告している。裴博士のグループはこの研究を通して台湾のベンガルヤマネコに関する困った状況を説明している。彼らが研究に用いた六匹のベンガルヤマネコのうち五匹がヒトに殺されてしまったのである。ハンターの仕かけた罠にかかり、また農家が設置した毒餌を食べた結果である。罠や毒餌の設置は台湾では違法である。なぜこのような事態が起きてしまうのかというと、地元農家の方々が、ベンガルヤマネコはもっぱらニワトリなどの家禽を襲う害獣であると信じているからだそうである。特有生物研究保育中心のスタッフの林育秀（リン・イーショウ）さんたちによる地元農家へのアンケート結果では、実際に家禽がベンガルヤマネコに襲われることはあるものの、飼いイヌ、飼いネコ、ヘビ、タカ類などのさまざまな動物による被害があるとの結果が得られている。農家の方々はベンガルヤマネコを潜在的に害獣であると意識しすぎているため、罠や毒餌といった極端な手段を使うことになっているのかもしれない。林育秀さんは農家とベンガルヤマネコとの軋轢を軽減するため、まずはベンガルヤマネコの生態やその絶滅危惧種としての状況などを社会に広く伝えていくことが大切であると警鐘を鳴らしている。

さらに台湾のベンガルヤマネコの個体数を減少させている要因として、交通事故をあげることができる。二〇一二～二〇一四年の間にメディアで報告された本種の交通事故件数は一五件である。報告されていないものも含めると、これよりはるかに多い発生件数となることが予想される。台湾の自動車交通事故件数は、山地では多くないが、人々が生活をしている平地ではかなり多い。このような場所にベンガルヤマネコは普通に生活しているので、交通事故が頻繁に起きても不思議ではない。違法な狩猟と交通事故から絶滅危惧種であるベンガルヤマネコをどのように守ればよいのか。本種の保全対策は重要な課題となっている。

写真33　ウンピョウ（撮影：張仕緯）。台湾の動物園で飼育されている個体（おそらく東南アジア産である）。

台湾のウンピョウは滅びたのか

台湾の山地の森林には、かつて中型のネコ科食肉目であるウンピョウが住んでいた。その大きさは、頭胴長が六〇〜一〇〇センチメートル、尾長が五五〜九二センチメートル、体重が一六〜二三キログラムほどであり、台湾では最大のネコ科哺乳類である。ウンピョウは中国語で〝雲豹〟と書く（別名は〝樟豹〟である）。体の側面から背面には、暗灰色の形が整わない雲のような斑紋が見られ、じつに美しい体毛色である（写真33）。山地で生活を営む台湾の少数民族たちは、かつてウンピョウを狩ることがあったそうである。少数民族の一つ〝パイワン族〟では、衣服に加工されたウンピョウの毛皮が村における高い階級の象徴であった（現在でもこういった毛皮が保存されている）。また、〝ルカイ族〟の言い伝えでは、ウンピョウは神性を帯びた動物であったようである。ルカイ族には、かつて〝ウンピョウの守人〟のような家系があり、その家系の人々が狩りをする際に、ウンピョウが猟犬のように助けてくれていたという逸話が残っている（この逸話が実話か否かは定かではない）。

ウンピョウはまさに台湾の動物生態系の頂点に君臨する存在であったが、今ではその姿をまったく見ることができない。おそらく台湾産と思われるウンピョウの姿は、台北の国立台湾博物館で剝製として見ることができる（写真34）。一九九〇年と一九九六年に本種の足跡らしきものが見つかるが、その真偽は不明である。ウンピョウはほんとうに滅びてしまったのであろうか。台湾の哺乳類研究史上の大きな謎の一つである。

写真34　ウンピョウ（撮影：張仕緯）。国立台湾博物館（台北市）のウンピョウの剝製。おそらく台湾産の個体である。

宮崎大学で開催された二〇一一年度日本哺乳類学会の年次大会で、国際交流委員会の企画として「アジアにおける絶滅動物シンポジウム」が開催された。当時本委員会のメンバーであった私は、台湾のウンピョウについて最新の情報をお話ししてくれそうなゲストをお招きした。林良恭博士の研究室のポスドク研究員となった姜博仁（ジャン・ボーレン）博士である。私が連絡をすると彼は快く講演を引き受けてくれた。姜さんは、前述の屏東科技大学の裴家騏博士のもとで博士研究を行い、ウンピョウの分布・生息に関する研究をまとめたのであるが、シンポジウムでの講演はたいへん深刻なものであった。

姜さんらの研究グループでは、一九九七〜二〇一二年の一六年間にわたり、台湾の至るところ（一二四九カ所）に自動撮影カメラを設置してウンピョウの撮影を試みたのである（シンポジウムではこの研究の途中経過を報告してくれた）。自動撮影カメラを用いる場合、たんにその個数ではなく、一つのカメラを何日間設置したのかによってその調査努力量を表現する（たとえば、一台のカメラを三日間仕かければ〝三トラップ日〟のように表現する）。姜さんらの研究グループは、なんと計〝一一万三六三六トラップ日〟という膨大な労力をかけて、ウンピョウの姿を台湾の海岸部から海抜三〇〇〇メートルを超える高山帯に至るまで追い求めたのである。その結果、残念ながら、ウンピョウは一度もカメラに写ることはなかった（Chiang *et al.* 2014）。このことから、非常にさびしい結論ではあるが、おそらく台湾のウンピョウはすでに絶滅してしまったと現在では考えられている。

では、ウンピョウはなぜ絶滅してしまったのだろうか。生息地の急激な改変よりも、狩猟圧が問題であったかもしれない。台湾では、ウンピョウのみならず、ウンピョウの獲物となる動物たちも大きな狩猟圧に曝された歴史がある。たとえば、日本では個体数が増えすぎて農作物被害が問題となっているニホンジカ（中国語では〝梅花鹿〟である）は、台湾では野生個体群が狩猟圧の影響で絶滅してしまい、動物園で飼育されたものが野外に再導入されている。準高海抜におもに生息する台湾最大のシカ類であるサンバー（中国語では〝水鹿〟である）（写真35）も狩猟圧により、かつて大きく個体数が減少した。

写真 35　サンバー（スイロク）（撮影：張仕緯）。

写真 36　タイワンザル（撮影：張仕緯）。

また、台湾にはニホンザルと近縁のタイワンザル（日本にも移入されている）（写真36）が分布するが、本種の個体数も開発による生息地の破壊および狩猟圧から一時大きく減少したと考えられている。ウンピョウの生態はまったく研究されていないため、そもそもおもな獲物がなんであったのかを本書で述べることはむずかしいが、こういった獲物であった可能性が高い哺乳類への狩猟圧はウンピョウを間接的に追い詰めることになったかもしれない。そして、日本の統治時代にウンピョウそのものに対する捕獲圧があったことはまちがいない。昭和一二（一九三七）年一月二九日の〝大阪朝日新聞〟の台湾版には、約三歳のウンピョウ（雌雄各一頭ずつ）が台湾東部で捕獲されたことが記されている。ウンピョウに捕食されたイノシシの死体を山中で見つけた村人がその付近に罠を仕かけたところ、この二頭がかかったとのことである。この記事の出だしには「東部海岸山脈からときどき〝すごい〟豹が捕獲される」ことが記されており、ウンピョウに対する当時の日本人のおそれのような感情が伝わってくる。同年二月一二日の〝台湾日日新報〟によると、この二頭のウンピョウは台北動物園へと移送されたそうであるが、貨車のなかで一頭が檻を破って逃げてしまい、たいへんな騒動になったとのことである。射殺の準備も整えながら、なんとかこのウンピョウを檻のなかに追い込み、無事に動物園へと収容したとの顚末が書かれていた。このようなウンピョウの捕獲が日本統治下の台湾で繰り返されていたと思われ、台湾個体群の絶滅については、われわれ日本人も責任を感じるべきであろうと私は考えている。

近年台湾では、ウンピョウを野外に再導入するか否かの議論が起こっている。ウンピョウは南アジアから東南アジアにかけて広く分布しており、これらほかの地域の個体群を台湾へ導入することは技術的にはおそらく可能であろう。最近の台湾におけるアンケート結果も、再導入に対してポジティブな意見が多いことを示しており、農村部居住者では、導入支持者が四八パーセント、中立が三一パーセント、反対は二一パーセントで、都市部居住者では、支持七一パーセント、中立二二パーセント、反対七パーセントとなっている（Greenspan *et al.* 2020）。本アンケートの結果のみから安易な判断はできないが、農村部では反対が二一パーセントとなっており、都市部を大きく上回っている。やはりウンピョウが導入された際に予想される直接的な生活への影響に対する懸念が多いことがうかがわれる。ウンピョウの再導入が現在の台湾で必要であるか否かについては、今後慎重な議論・検討が求められるだろう。そして、再導入の可否を判断するためにも、再導入という対策に関する一般の方々への教育・啓蒙活動が大切であると考えられる。今後の動向を注視したい事案である。

さて、最後にもう一つ最近のウンピョウの話題を紹介しておきたい。二〇一九年二月に台湾南東部の台東縣達仁郷（図1）でウンピョウが複数回目撃されたという情報が報告された。昭和一二（一九三七）年の新聞報道で「すごい豹がときどき捕獲される」と記されていた海岸山脈のすぐ南方である。そして、この地域はウンピョウと文化的な結びつきを持つ少数民族であるパイワン族やルカイ族の人々が暮らす場所でもある。バイクで走行中にウンピョウが目の前を横切った、樹上から降りてきたウンピョウがヤギを捕食した……という目撃談がささやかれ、SNS上で少しさわぎとなった。これらの目撃談の真偽は定かではないが、現在台湾では、まだあきらめずにウンピョウを捜索している方々がいるようである（日本におけるニホンオオカミと似たような状況かもしれない）。これまでの断片的なウンピョウ情報と少数民族の文化などから想像をめぐらすと（非科学的な表現で恐縮である）、台湾の南東部がウンピョウのおもな生息環境であったのかもしれない。もしもこの地域にウンピョウがまだ生き残っており、これが将来的に確認されれば大発見である。この可能性については、残念ながらかなり低いと私は考えているが、最後まで期待を持ち続けながら見守りたいウンピョウの探索活動である。

6　鱗甲類——絶滅危惧種ミミセンザンコウ

写真 37　ミミセンザンコウ（撮影：張仕緯）。

台湾には絶滅危惧種である鱗甲目のミミセンザンコウが分布している（写真37）。鱗甲目は全身が〝鱗〟で覆われているのが一番の特徴である（中国語でセンザンコウは〝穿山甲〟と書くが、別名は〝鯪鯉〟である）。ミミセンザンコウは、中国南部からインドシナ半島北部にかけても分布するが、台湾の個体群は固有亜種とされている。第2章で述べた哺乳類の分布カテゴリーのなかでは②に相当し、カオジロムササビ、ケアシモモンガ、クリハラリスなどと同じパターンである。ミミセンザンコウの大きさは、頭胴長が約五〇センチメートル、尾長が約三〇～四〇センチメートル、体重は三キログラムほどである。鱗甲目は日本にはまったく分布しない哺乳類グループの一つである。これまで述べてきたとおり、私はおもに樹上性の小型齧歯類（リス科齧歯類）を研究対象にしているが、日本では近縁種すら見ることができないこのミミセンザンコウに大きな関心・興味を抱いていた。台湾滞在中、野外調査でいつかは本種に出会うことができるかもしれないと内心期待していたのであるが、残念ながらこれはかなわなかった。ミミセンザンコウはリス類よりもはるかに大型であるが、夜行性で日中は地中の巣穴に隠れている。また個体数も少ないため、本種を野外で見つけることは容易ではない。私はこれまでに本種の研究をした経験がまったくなく、本節で紹介する内容については、まさに聞きかじりと文献調査によるものであることを予めお断りしておきたい（私の台湾滞在経験値がまったく反映されていないのが本節なのである）。

なぜ自分では研究対象として扱ったことがないミミセンザンコウを本書で紹介しようと考えたのかと問われれば、答えは二つある。まず一つは、これまでほとんどなかった本種に関する生態学的および生理学的な研究成果が二〇一九年以降台湾で急速に報告されているからである。もう一つは本種が乱獲された歴史である。後でくわしく述べるが、本種は、食肉用として、そして漢方薬の材料として過去に大乱獲された特殊な歴史を持っている。本種も含め、センザンコウ類の鱗には、炎症を抑えたり、血行を改善したりする薬効があるとされていた。東南アジアの空港の土産物店などでも、かつてはアルコール（酒）浸けで売られているセンザンコウ類を見かけることがあった。このような背景から、私たちが過去をふまえて野生哺乳類の未来を眺望するため（将来の保全施策を考えるため）、本種は貴重な研究対象であると私は考えている。

ミミセンザンコウの基礎研究の成果

台湾におけるミミセンザンコウの生態に関する研究は、食肉類の節で紹介した屏東科技大学野生動物保育研究所の裴家騏博士らのグループが実施している。ミミセンザンコウは台湾の海抜一〇〇〇メートル以下の山地に生息するが、もっとも多く見られるのは海抜三〇〇メートルほどの低地である（Sun *et al.* 2019）。野外ではめったに見られない絶滅危惧種ではあるものの、驚いたことにその生息地はヒトの活動圏と隣接、あるいは重複しており、おもに農地に近い山林の斜面などに穴を掘ってこれを巣として利用する。裴博士らの研究グループは、二〇一二年から二〇一六年の間に一匹のメスのミミセンザンコウに発信器を装着し、その行動圏および繁殖行動に関する詳細な調査を実施した（Sun *et al.* 2018, 2021）。その結果、このメス個体の行動圏は約三四ヘクタールであったが、この範囲に二五個の巣穴があり、少なくともこのうち一六個が育仔のために使用された。育仔期間中、メス個体は巣穴を頻繁に引っ越すことがわかったのである。繁殖についてもこれまでに知られていなかった知見がたくさん得られ、妊娠期間は約一五〇日であること、一二月の初めごろに一匹の仔を産むこと、出産後の授乳期間は一五七日であることが明らかになった。一匹のみから得られたデータではあるが、こういった基礎生態学的な情報の着実な蓄積は、今後本種の保全を考えるうえで大切である。同様の調査・研究をさらに長期的に継続することにより、ミミセンザンコウの普遍的な生態学的特徴が明らかとなり、私たちは今後どのように本種と向き合っていけばよいのかを知ることができるであろう。裴博士らの研究グループのますますの研究成果を期待したい。

ミミセンザンコウの保全

さて、最後に絶滅危惧種であるミミセンザンコウの保全について簡単に述べておこう。一九五〇〜一九六〇年代にかけて、台湾ではおもに本種の毛皮（〝鱗〟と書いたほうがよいかもしれない）を利用するために、少なく見積もっても毎年六万匹のミミセンザンコウが捕殺されていた。前述のとおり、本種は一回の繁殖時に一匹の仔を産むため、多産なネズミ類などと比べるとその繁殖力は高いものではない。長期にわたるこのような乱獲の結果、一九七〇年代の後半には、ミミセンザンコウの台湾個体群は大きく減少することになる。これ以降、台湾では国内のミミセンザンコウを捕殺するのではなく（個体数が減少したため、需要に応じるだけの捕殺ができなくなったのであろう）、代わりに東南アジアからの輸入が開始され、本種に対する台湾内の捕殺圧は低下する。しかしながら、食用として利用するため、また、漢方薬の材料として鱗を用いるために、地元の猟師などによるハンティングはその後も継続される。このような状況から、台湾のミミセンザンコウの個体数はさらに減少し、本種に対する保全対策は急務であると考えられるようになる。

現在、どのような取り組みがなされているのであろうか。二〇〇四年に台湾政府の農業委員会のサポートのもと、台北動物園が国際自然保護連合（ＩＵＣＮ）の保全計画専門家グループを招き、第一回目の〝個体群と生息地の存続可能性評価（ＰＨＶＡ）〟に関するワークショップを開催する（このときの参加者は四二名であった）。このワークショップでミミセンザンコウに関する今後の保全施策が議論され、この議論にもとづいて本格的な調査・研究、保全活動が展開されることになる。そして、第二回ＰＨＶＡが一三年後の二〇一七年に開催され、これまでの活動に関する総括的報告にもとづいて今後の課題が議論・検討される。第二回ＰＨＶＡの参加者は一三〇名を超え、七〇名以上のセンザンコウ類のエキスパートが一三の国から本ワークショップへ参加した（これは大きな進展であろう）。保全施策の内容についての詳細な説明は本書では省くが、興味のある方は、台湾におけるミミセンザンコウの保全活動の過程がすべて整理されている良書（Kao *et al.* 2020）を参考にしていただきたい。

このような経緯から、ミミセンザンコウに関する保全が台湾で定着してくる。私自身がまだ確認できていないのであるが、環境志向が高まっている現在の台湾において、ミミセンザンコウは、〝環境ラベル〟のロゴマークにもなっており、環境に配慮して生産された農産物に対して、〝センザンコウに優しいライス〟、〝センザンコウに優しい茶〟、さらに〝センザンコウに優しいコーヒー〟などを証明するものとして表示されているそうである。これらは多少高価な農産物ではあるが、台湾の消費者の購買意欲を大きく削ぐものではなく、生産農家にとっても十分に収入増が見込まれる試みであるそうだ（たとえば、Tseng *et al.* 2021）。台湾において、このミミセンザンコウのマークはまだ広くは認識されていないようである。しかしながら、こういった試みによって、一般の人々がミミセンザンコウの存在をより身近に感じられるようになれば、本種を含めた環境保全活動の発展に将来的につながるものと期待される。

一三年以上にわたる保全施策が功を奏して、現在、台湾のミミセンザンコウの個体群は、ほかの分布域（中国や東南アジア）と比べると安定している状態であるかもしれない。台湾における保全活動では、「ミミセンザンコウは人間活動との調和において生きることが可能であり、二〇四二年までに、台湾のだれもがミミセンザンコウの価値を理解し、生息地の保護や個体群の維持に関して積極的に動いてくれるような状況を目指す」という大きな目標が掲げられている（Kao *et al.* 2020）。今後の保全活動の成果を大いに期待したい。

最後にミミセンザンコウについてもう一つエピソードを紹介しておきたい。二〇二一年九月に、台北動物園において長年飼育されていたオスのミミセンザンコウが死亡した。健康状態が悪化したため、最期は残念ながら安楽殺を施すことになったそうである。この個体は台北動物園生まれで、名前は〝穿胖（チェンバン）〟であった。死亡時の年齢は二三歳九カ月であり、これはミミセンザンコウの長寿飼育の世界記録である。動物園で繁殖させた個体が長寿世界記録を樹立したことは、まさに台北動物園が、ミミセンザンコウの飼育方法や繁殖方法を技術的に十分確立している立派な証拠である。ミミセンザンコウの主食はアリ類などの節足動物であり、これを常時動物園で給餌することは困難だと思われる。動物園の飼育下において、アリ類の代替としてどのような餌を工夫すればよいのかは、かなり大きな課題であったのではと私は勝手に想像している。ミミセンザンコウの栄養条件を十分に配慮したオリジナルの人工飼料の作製が必要であり、台北動物園がこの課題をクリアできたことが成功の秘訣だったと考えられる。台北動物園の努力により、本種の〝生息域外保全〟活動を支える心強い柱ができあがった。〝生息域外保全〟とは、絶滅危惧種を守るために、野外ではなく動物園などの安全な施設内で増殖させ、絶滅を回避する保全科学の方法である。将来的にこれらのノウハウをミミセンザンコウのみではなく世界中のセンザンコウにぜひ届けてほしいと願っている。台北動物園での成果が、世界的に個体数が減少しているセンザンコウ類の保全につながれば心強い限りである。まさに台湾から世界へ向けての国際的な哺乳類保全技術の発信事例であり、今後の展開が楽しみである。

第4章　台湾の哺乳類研究——次世代へ向けて

1　台湾の哺乳類研究

台湾産哺乳類の進化的歴史

台湾の哺乳類の進化的歴史に関する研究について、最後に総括的なお話をしておきたい。これまでリス類、ネズミ類、トガリネズミ類などの小型哺乳類グループの自然史を眺望してきた。その結果、いくつかの哺乳類種の進化的歴史に関する〝規則らしきもの〟が浮き彫りとなってきそうである。

第一に台湾の哺乳類の固有性である。第2章でも記したが、台湾はおよそ一〇〇〇万～五〇〇〇万年ほど前に海洋に形成された島嶼であり、その歴史は地史的には若い。そして、その若い台湾に分布する哺乳類もその時間枠の範囲で大陸から移住したものであると考えることができる。現在、台湾は海洋によって大陸から隔離されているが、更新世の氷期には複数回大陸と地続きになったと推測される。この際に哺乳類が大陸から移住し、台湾の自然環境へと適応を遂げ、現在の固有種や固有亜種が創出されたのであろう。移住という言葉を使うと、台湾産の哺乳類があたかもトナカイやヌーのように長距離・長期間にわたる旅をしてきたようなイメージを持たれるかもしれないが、このような旅のことではない。氷期に地続きだった台湾はたんに大陸の一部分であり、そこに大陸の動物が自然に住んでいたという状況を思い描いていただきたい。氷期終了後に台湾海峡が形成され、台湾というエリアは、そこに定住していた哺乳類を乗せたまま大陸から物理的に隔離されたのである。第2章でも述べたが、台湾の自然環境はじつに多様である。低地から高山帯までの間に、さまざまな気候帯に相当する環境（植生）が配置されており、また、海抜三〇〇〇メートルを超える山々は哺乳類の移動をときに妨げる地理的障壁として機能する。大陸と地続きだったときに台湾というエリアに定住していた哺乳類が、台湾内において比較的短期間で固有種化（あるいは固有亜種化）した要因は、台湾内に哺乳類の進化を促すような条件が十分に整っていたからかもしれない。では、この条件とはなんであろうか。これをひとことで表現することはむずかしい。しかし、この条件を解明するための研究は続いている。どのように研究をすればこの条件は明らかになるのであろうか。これはけっしてややこしいことではなく、〝台湾の哺乳類の生きざまをよく知る〟ということに尽きると私は考えている。台湾の哺乳類がなにを食べ、どのようなところに住んでいるのかがはっきりすれば、これらの特徴を大陸産の近縁種あるいは別亜種と比較することができるであろう。その結果、台湾ならではの食物や生息地の特徴が見えてくることが期待される。そして、哺乳類の固有種化・固有亜種化は、この台湾ならではの環境に適応した結果であると推察することができるかもしれない。台湾の哺乳類には、哺乳類の進化過程を探るためのさまざまな秘密が刻み込まれているのである。まさに〝哺乳類進化の実験場〟として存分に活用できる世界的にもまれな場所の一つであろう。

第二に、台湾の哺乳類の系統地理学的特徴についてである。系統地理学とは、現在見られるある生物の個体・個体群の分布状況が、どのような歴史的経緯を経てできあがったのかを遺伝的データにもとづいて明らかにする学問である。台湾の準高海抜に分布する小型の哺乳類では、遺伝的に南部と北部で分かれる種が複数いることが明らかになってきた。本書の第3章で紹介した無盲腸目のモグラジネズミ、齧歯目のビロードネズミ、タイワンモリネズミがこれに相当し、〝目〟というまったく異なる分類群を超えて同じ傾向を示すことから、系統的な背景によってこのようなパターンが生じたわけではないことがまず理解できる。本書ではビロードネズミの例を詳細には説明していないが、三種とも南北に分かれる境界線はほぼ同じように見える（図3）。台湾中部の南投縣の北部あたりで明瞭な分岐が生じているのである。これは、おそらく同じような環境の変化に暴露された結果、台湾内で同じように創出された分岐パターンであろうと考えられる。これに対して、南北に個体群が分かれない（南北のパターンも含めて個体群の明瞭な分化が見られない）小型哺乳類種も存在する。同じく第3章で紹介したカオジロムササビ・オオアカムササビ・ヤワゲクリゲネズミがこれに該当する。タイワンモグラジネズミ・ビロードネズミ・タイワンモリネズミと同じような環境に曝されながら、これら三種については、なぜ個体群間の明瞭な分岐が生じなかったのであろうか。これもあわせて考えていきたい。

まず南北の個体群はいったいどのように分かれたのであろうか。ある哺乳類種の個体群間で遺伝的に明瞭な違いが見られる場合、これは過去における地理的な隔離の結果であることが強く疑われる。第3章のビロードネズミのところでも記したが、更新世における寒冷な氷期と温暖な間氷期の反復は、台湾の環境におそらく大きな影響を与えたと考えられる。高山帯に生息する種では、寒冷な氷期におそらくその分布域を拡張するチャンスが訪れ（寒冷な気候に適応した植生が高山帯から低地帯へと拡張）、温暖な間氷期には、逆に生息環境が高山帯に限定（寒冷な気候に適応した植生が低地帯から消失し、高山帯に限局化）されて、個体群の分断が起こりやすかったのではないかと私は考えている。この更新世間氷期において、限局的に形成された哺乳類の分布域がすでに説明した〝避難所（レフュジア）〟であり、このレフュジア間での交流の程度が南北で分かれる・分かれないという遺伝的な結果として現れているのではないだろうか。では、〝交流の程度〟とはなにによって決まるのであろうか。これは正直、現在は答えようのない難問である。しかし、同じような気候の影響を受けながら、これを被る程度に哺乳類種の間で違いがあったと考えると交流の程度が理解できるかもしれない。わずか六種の哺乳類の研究結果ではあるが、私は南北で分かれる哺乳類と分かれない哺乳類との間に一つの傾向を見つけた。まだまだ弱いものであるが（弱い仮説というよりも私の勝手な想像であるかもしれない）、それは森林、あるいは樹木への依存性の程度である。南北で分かれるタイワンモグラジネズミ・ビロードネズミ・タイワンモリネズミは確かに森林環境に生息するが、樹木そのものに依存するわけではなく、森林内の草地など、やや開けた環境に（そして地表に）生息している。これに対して、オオアカムササビ・カオジロムササビは完全な樹上性、ヤワゲクリゲネズミは、ときに樹上環境を利用する半樹上性の齧歯類である。これらの結果から判断すると、樹木に対する依存性がより強いほど南北に分かれる傾向が見られないという可能性が示唆される。準高海抜の針広混交林は台湾の山地では広く見られる植生である。氷期と間氷期の反復にともない、温帯域に見られるような針広混交林はその分布域（分布する海抜範囲）が異なったのかもしれないが、この植生に適応して住んでいる哺乳類の個体群を分断させるような極端な状況には至らなかったのかもしれない。一方、個体群が南北に分断された種に関しては、生息する地表の環境が大きく変化した結果、面積が限定された避難所的な生息域が南北それぞれに形成され、一定期間の地理的隔離が生じたのかもしれない。それでは、面積が限定された避難所的な生息域とは台湾のどこだったのであろうか。また、南北各々の避難所は一カ所であったのであろうか。それとも複数箇所であったのであろうか。これらは非常にむずかしい問題である。正解を得ることはできないかもしれないが、さらに多くの哺乳類種の系統地理学的解析を進めることで、その正体をある程度知ることができるかもしれない。今後の興味深い研究課題の一つであろう。

さて、ここでこれまでの説明をすべて覆す別の仮説も紹介しておこう。科学的な論考は大切であるが、度が過ぎるとただの推測、いや想像になってしまうことがある。私は先ほど〝南北の個体群間の交流の程度を決める要因〟について想像のような弱い仮説を書いてしまったが、これだけではいけないのである。科学的プロセスにおいては、得られた結果を解釈するためにさまざまな可能性を検討することが重要である。南北の個体群の隔離（すなわち遺伝的な分化）であるが、南北それぞれの個体群の台湾への渡来時期が異なっていた場合にも見られる可能性が考えられる。たとえば、北海道に分布するヒグマでは、遺伝的に異なる三つのグループ（道南、道央・道北、および道東）が存在し、それぞれが異なる地域から異なる時期に渡来したことが示唆されている（増田 二〇〇五）。北海道産ヒグマの三つの系統グループには、大陸部にそれぞれ異なる近縁な個体群が認められるのである。かりに、台湾の南部と北部の個体群がたがいにではなく、それぞれ大陸のある個体群とより近縁であった場合、北海道のヒグマのケースのような進化的歴史が考えられるかもしれない。しかしながら、タイワンモリネズミとタイワンモグラジネズミは台湾の固有種であるため、個体群の分岐を大陸からの複数回の移住で説明することは不可能である（台湾内で生じた分岐なのである）。今後、さらに多くの哺乳類種の系統地理学的特徴が研究されるなかで解釈の変更が迫られる場合もあるかもしれないが、少なくとも現時点では、レフュジア仮説を私は支持している。現在、台湾のさまざまな哺乳類は台湾の研究者たちの手で研究されている。まさに、「天の時（五〇〇万～一〇〇〇万年の島嶼年齢）、地の利（多様な環境と地勢）、人の和（研究者たちの体制）」がそろってできあがっており、これから哺乳類進化の教科書となるような知見が、さらに台湾で発見されることを私は期待している。

台湾における哺乳類研究

さて、次に台湾における哺乳類の研究および研究体制について述べておきたい。日本には、野生哺乳類関連の研究者が集う学会として、日本哺乳類学会、日本生態学会、日本野生動物医学会、「野生生物と社会」学会などのいくつかの学会がある。これらのなかで、哺乳類のみを研究対象として扱う日本哺乳類学会は哺乳類関連の研究者・学生・企業・行政の方々が合わせて一〇〇〇名以上も所属しており、哺乳類学会としては、アメリカ哺乳類学会に次ぐ世界第二位の会員数の多さである。台湾の哺乳類関連学会はどうであろうか。台湾にもいくつかの学会や研究会があるが、その規模は大きなものではない。

学会という組織は、これを維持するための構造が必須であり、年会費を徴収して、定期的に大会や総会を開催し、学会としての出版物を作成するなどのルーチン業務が多数存在する。台湾では、このようなルーチン業務をともなった学会ではなく、集まりたいときに、だれかがかけ声を発して集まる形のパーティー的な研究会やシンポジウムが主流であるように私は感じている。常時組織形態を維持するためのエネルギーを費やすことなく、やりたくなったら一気にエネルギーを集中してこれらの企画を敢行し、終わればその時点でおしまいである（あるいは次回の開催をにらんだ話し合いもありである）。このような研究会やシンポジウムは、獲得した研究予算などに盛り込まれた長期的な企画の一つである場合もあるが、いずれにしても単発（または少数発）で完結することになる。息の長い哺乳類学の継続には必ずしもつながらないかもしれないが、課題を提示してこれを解決するための効率のよい形態であるという見方もできる。さて、組織の形態は置いておいて、台湾の哺乳類研究の水準は全体的にどうであろうか。私の率直な感想であるが、非常に優秀な研究者ぞろいである。哺乳類の研究分野に限らず、台湾には日本のようにたくさんの国内学会があるわけではない。日本にはさまざまな研究分野で国内学会があり、日本人はこれらで研究発表の機会を得ることができる。しかしながら、学会の数が少ない台湾では、研究発表をするために最初から欧米の学会へ参加し、そして、英語の論文を書き上げて海外の雑誌へ投稿するのが普通である。また、台湾内では哺乳類学を学ぶことができる大学の数が日本ほど多くはないため、将来的に研究者となる気構えを持って本気で野生哺乳類の研究がしたいのであれば海外へ留学することになる。台湾の若手研究者・学生たちは、国際的な壁をほとんど感じずに世界と交流を持つ素地を自然と培っているような感触を私は持っている（だからこそ、私のような日本人の客員教員を簡単に受け入れてくれたのであろう）。そして、海外留学で多くの経験を積んだ優秀な哺乳類研究者が台湾の大学の研究職に就くことになる。台湾の哺乳類研究者の数は多くはない（大学や博物館、研究機関などを合わせても数十名ではないだろうか）。しかしながら、その質はきわめて高いものであるといっておきたい。長い台湾とのつきあいからひいき目に見ているのではなく、私はこのことを確信している。

では、実際に台湾ではどのような研究が現在、展開されているのであろうか。形態学・分類学・系統学などにもとづいた基礎的な研究については、私が滞在している二〇年ほど前に台湾では大きな進展があった。本書でも記してきたが、とくに台湾の哺乳類の系統学的・分類学的な基礎情報がかなり整理されたのである。現在では、形態学・分類学・系統学のような基礎生物学的視点よりも、第3章のミミセンザンコウの例で述べたように、各哺乳類種の生態がていねいに調べられている。しかしながら、保全とあまり関係がない、いわゆる普通種（ネズミ類、トガリネズミ類など）の研究は、最近ではあまり見られなくなってしまった。これらについてもまだまだ研究課題はたくさん残されており、これからの台湾の若手研究者たちにぜひ積極的に解明していただければと願う次第である。

そして、昨今の世界的な環境志向の高まりもあって、野生哺乳類の保全に関する研究活動が多くなった。本書では詳細を紹介していないが、台湾ではタイワンオオコウモリ（写真38）、ユーラシアカワウソ（写真39）、タイワンツキノワグマ（写真40）などの種が絶滅の危機に瀕しており、これらに関する保全施策のためのモニタリング研究が長期的な視野で続けられている。一方、個体数の管理が必要な哺乳類種についても近年、研究が展開されている。すでに述べたとおり、私が専門としているムササビ類やリス類（とくにクリハラリス）は、台湾ではかつて（一九八〇年代）スギの植林に被害を与える害獣として捕獲されていた時代がある。害獣管理というスタンスからの取り組みではあったが、この時期に、これらの樹上性齧歯類に関する生物学的な研究が大きく進展することになる。また、日本での例と同じように、近年イノシシ（写真41）とサル（ニホンザルではなく近縁のタイワンザルであるが）による農

写真 38　飼育されているタイワンオオコウモリ（撮影：張仕緯）。

写真 39　ユーラシアカワウソの剝製（撮影：張仕緯）。

作物への被害が増加傾向にあり、台湾ではこれを防ぐための施策の確立が急務となっている。日本では、シカやクマなどの大型哺乳類による農作物への被害が顕著になった場合、銃を用いた狩猟による個体数管理が可能であるが、台湾の場合、少数民族に対しては許可されているものの、一般の方は法的規制に

写真 40 動物園で飼育されているタイワンツキノワグマ（撮影：張仕緯）。

写真 41 イノシシ（撮影：張仕緯）。

よって銃による狩猟をすることができない。台湾で野生哺乳類を適切に管理するためには、今後、法律・保全・農業などを中心としたさまざまな視点からの総合的な検討が必要であると考えられる（押田・山﨑 二〇一九）。

ここで、日本には該当する組織が存在しない台湾の哺乳類研究を支える大切な機関を紹介しておきたい。それは、第3章のタイワンホオジロシマリスの節で紹介した張仕緯（チャン・スーウェイ）さんが勤務している〝特有生物研究保育中心（センター）〟である（すでに述べたとおり、台湾政府の農業委員会の管轄となる組織である）。〝特有生物〟の名前のとおり、哺乳類のみに特化した機関ではなく、昆虫・両生類・爬虫類・鳥類・植物等々、あらゆる生物が本センターの研究・調査の対象となる。名前に〝特有〟という単語がついているが、必ずしも固有種や固有亜種のみを相手に調査・研究活動を行うわけではなく、台湾に生息・生育するあらゆる生物種を対象として活動を行うセンターなのである。低海抜・中海抜・高海抜と海抜に準じたエリアをカバーする支所が三カ所に設置されており、とくに高海抜の支所は、私が何度も調査に訪れた合歓山の山頂付近にあったため、いろいろとお世話になったことがある。センターの本部は台湾中部の南投縣集集鎮に位置しており、台湾内のさまざまな生物情報を集め、必要に応じて調査活動を実施し、毎年季刊誌（「自然保育季刊」および「台湾生物多様性研究」）やカレンダーを発行している。張さん、そして私が台湾在職中に林良恭［リン・リャンコン］博士の修士大学院生であった蔡雅芬（サイ・ヤーフン）さん（現在、「自然保育季刊」の編集を担当している）から今でもカレンダーと雑誌を毎年送っていただいているが、毎号きれいな写真や絵がふんだんに盛り込まれており、デザインや構成もみごとである。「自然保育季刊」は自然啓蒙のテキストとして、「台湾生物多様性研究」は研究成果のまとめとしてほんとうによくできていると私は感心している。特有生物研究保育中心には、シンポジウムや講演会などを開催可能な大型ホール、また訪問者への教育・啓蒙を実践する研修所や展示館なども設置されている。野生動物の救護施設も設けられており、私は低海抜の支所において、怪我のために保護されたタイワンツキノワグマを見にいったことがある。このように台湾の特有生物研究保育中心は、野生生物がらみのいろいろな問題に対応できるように、現在ではさまざまな機能を有した組織・機関となっており、台湾の野生生物の保全には欠かせない存在となっている。

忘れてはならないのは、第3章のミミセンザンコウの節でも紹介したが、台北動物園の役割であろう。私が台北動物園と一緒に仕事をしたのは北海道大学の動物染色体研究施設で研究機関研究員をしていたときであった(一九九八年のことである)。当時、麻布大学の非常勤講師だった堀浩先生から「台湾に多数のオランウータンが違法に持ち込まれており、これらの出身地がスマトラ島かボルネオ島かを染色体を指標にして調べてほしい」との連絡があった。堀先生は那須ワールドモンキーパーク園長を務められたベテランの獣医師である。当時の麻布大学には多摩動物公園や上野動物園の園長を歴任された増井光子博士が客員教授としておられ、堀先生は増井先生とともに野生動物の研究・教育を担当されていた。台湾では、オランウータンがペットとして脚光を浴びたことがあり、一九九五〜一九九九年にかけて一〇〇頭以上の個体(正確な数はわからない)が東南アジアから密輸されてしまったそうである。全貌については私は情報を把握できていないが、この時代はオランウータンの密輸がアジア全域で起きていたのかもしれない。実際に、一九九九年には日本にも四頭のオランウータンが密輸され、大阪のペットショップで販売されるという大事件があった。オランウータンは、子どものころにはかわいい子ザルであっても大人になると力が強く、ときとしてたいへん危険な猛獣に変貌する。とくにオスは体重が八〇キログラム以上になるものもいるため、住居で普通に放し飼いにすることはまず困難である。オランウータンをペットにした台湾の人たちは、最終的に困り果てて手放すことになり、その結果、動物園が多数のオランウータンを飼育することになったそうである(私が着任した年にも〝捨てオランウータン〟が山林で保護されるという事件が起きた)。オランウータンの台湾への密輸問題については、私は残念ながら自分自身で詳細な情報を集めていないため、その背景や結末などについてこれ以上の無責任な記述はできないが、台湾のために、そして台湾に密輸されてしまったオランウータンたちのために台北動物園で私がなにをしたのかについて記しておきたい。オランウータンはスマトラ島とボルネオ島にのみ分布しており、自然状態で台湾に生息する哺乳類ではないが、ここで少しだけ脱線することを読者諸氏にはご容赦いただきたい。

オランウータンはDNAの分析結果にもとづいて、現在では、ボルネオオランウータン、スマトラオランウータン、そして近年確立された別種タパヌリオランウータンの三種であるとされている(Nater *et al.* 2017)。しかしながら、以前は一種のみとされており、これがスマトラ型とボルネオ型の二亜種に分けられていた。最近ではDNA塩基配列にもとづいた識別が可能であるが、この時代は染色体の形(核型)にもとづいて、スマトラ型とボルネオ型に分けられていたのである(Seuánez *et al.* 1976)。堀先生からの依頼は「台北動物園で多数飼育されているオランウータンの染色体がスマトラ型かボルネオ型かを識別する技術を台北動物園の獣医師に教えてほしい」というものであった(台北動物園から堀先生へ依頼があったそうである)。私はこの依頼に応じてすぐに台北動物園へと赴いた。私が到着する二日ほど前に堀先生が台北に行かれており、五頭のオランウータンたちから血液を採取し、末梢血リンパ球の培養を始めていた。大型の動物では多量の血液が採取できるので、リンパ球を培養して染色体標本を作製するのが常道である（第3章で述べたオオアカムササビの場合と同様である）。さて、ここからが私の仕事である。培養したリンパ球を用いて、台北動物園の獣医師数名に染色体標本の作製方法を実地指導する。一つ一つのプロセスを実演しながら英語でゆっくりと説明していった。五頭のオランウータンの染色体標本を作製し、これらを観察した結果、一頭は培養の状態が悪くて失敗であったが（細胞の分裂像がほとんど見られなかった）、残りの四頭はすべてボルネオ型であることが判明した。くわしい説明は本書では避けるが、ボルネオ型とスマトラ型は、一本（一対）の染色体（二番染色体）の形の違いで明瞭に区別することができる。そして、もし飼育下で両型の交雑が起こってしまうと、オランウータンという種を保全するうえで大問題である（この時代は一種とされていたが、現在では三種であるため、明らかに異種間交雑を人為的に行うことになってしまう）。子ザルからヒトによって飼育されたオランウータンを野生に戻すことはむずかしい。そもそもどこで捕獲された個体であるかもわからずに、適当な森林に放してしまうと地域の個体群を遺伝的に攪乱することになってしまう。たとえば、スマトラ型の個体がボルネオ島で放された場合、自然状態でずっと両型の交雑が進行することになる。こういった事態を避けるためにも、台湾で保護されたオランウータンたちは動物園で飼育（保護）されており、その際に、飼育下での両型の交雑が起こらないように十分配慮するため、今回の私への依頼となったわけである。私が指導した技術は、はたして役に立ったのであろうか。少なくとも私が判別した個体については ボルネオ型であることが判明したが、その後、スタッフたちが自力で染色体の分析をほかのオランウータン個体に応用することはむずかしかったかもしれない。その数年後には、ＰＣＲ法によってオランウータンの種判別が簡単にできるようになる。この問題に対して、残念ながら私はあまり大きな貢献をすることはできなかったかもしれない。しかし、つねに大きなものばかりではなく、小さい貢献でもなにかできればという地道な姿勢が野生哺乳類と向き合うときには大切だと私は考えている。私が出身の島を判別した四個体のオランウータンが、少なくとも台北動物園における飼育下できちんとボルネオ島由来と整理され、その後の生息域外保全（繁殖）などに活躍していればうれしい限りである。

2　台湾の哺乳類学教育

台湾の大学で教鞭を執って

私はすでに述べたとおり、台湾東海大学生物系という一つの大学の一学科で教鞭を執っただけであり、正直いって現在の台湾の大学の教育システムを俯瞰するだけの知識と情報を持ち合わせていない。しかしながら、台湾の大学教育の現場で私が実際に体験したこと、そして感じたこと、考えさせられたことを本書で書きとどめておきたい。はなはだ浅薄な情報であるが、どうぞご容赦いただきたい。台湾の大学の講義は一コマが五〇分である。この五〇分の講義を間に一〇分間の休憩を入れて三コマ連続して実施する。すなわち、一科目の一日の講義時間は計一五〇分となる。台湾東海大学生物系では、教員に担当講義数のノルマがあり、この一五〇分講義を週に最低三回はなんらかの科目で担当することが決まっていた。学部学生相手の進化生物学、大学院生相手の分子系統分類学、細胞遺伝学など、すべての講義を英語で担当するのは当時の私には至難の技であった。講義の準備にかなり苦しみ、また、私の拙い英語が講義の質を大きく低下させる要因ともなっていたことは否めない（学生たちには大迷惑であったに違いない）。私は英語を特別な会話教室などで勉強した経験がまったくない。大学時代には、十和田市の隣の三沢市に米軍基地があり、在日米軍向けにFEN（極東放送網）が放送されていた（現在のAFN＝アメリカ軍放送網）。これをずっと聞き流すのが当時の私の英会話勉強であったが、これでどの程度の会話力が培われていたのか、測る術もなかった。今振り返ってみても、あの状況をなぜ乗り切ることができたのか不思議なくらいである。これはおそらく台湾の学生たちの気質によるものではないかと私は感じている。台湾では、教員と学生との距離は日本よりやや厳格、かつ近しい印象である。この雰囲気を言葉で説明するのはむずかしいのであるが、たとえば、儒教の祖である孔子の誕生日（九月二八日）は台湾で〝教師の日〟と定められており（やや厳格）、学生たちから菓子などのプレゼントが届くことがあった（やや近しい）。〝中秋節〟（この日は台湾の休日であった）が教師の日に近い（あるいは重なる）こともあり、中華系の伝統的な菓子である〝月餅〟をたくさんもらうこともあった。そして、日本から赴任した私に対するものめずらしさもあったかもしれないが、学生たちはいろいろと生活面でも私を助けてくれた。相手を理解しようとする積極的な学生たちの態度が、私の英語のレベルを大きくフォローしてくれていたのだと感じている。

もう一つ私が台湾で純粋に困ったことを述べておきたい。それは、日本とは異なり、苗字による学生の区別ができないことであった。日本でも〝佐藤さん〟や〝鈴木さん〟はクラスに複数名いて、苗字だけでは区別できないことがある。中国語の一文字からなる苗字の種類は多くなく、たとえば林さん、陳さん、王さんといった苗字はクラスに七〜八名以上はいた。苗字と名前を全部含めて呼ばないと、だれだかわからない（むしろ苗字を省いたファーストネームのほうで区別可能なのである）。私の低レベルの中国語の発音では学生の名前を呼ぶことが至難の技で、最初はほんとうに困ってしまったが、徐々にこれにも慣れていった。

台湾東海大学生物系では、毎週月曜日の午前中に大々的な研究発表会を実施する。生物系は私が赴任した二年後に名称が変わり〝生命系〟になるのであるが、さまざまな生物学分野の教員がそろっており、生態学から分子生物学に至るまで幅広い専門分野がカバーされていた。月曜日の研究発表会にはこの生物系の全教員と大学院生が集まり、学部生も聴講可能であった。発表会では、月に一回以上は大学外から招いた特別講師が講演をする。特別講師は、ほかの大学や研究機関から招いた研究者であるが、台湾内のみにとどまらず、海外からの特別講師も多かった。生物系の教員のだれかが適当に講演を依頼する形であったので、私も恩師である弘前大学の小原良孝教授、そして東京大学総合研究博物館の遠藤秀紀教授が台湾にこられた際に、この特別講師をお願いしたことがある。ネット情報がまだ多くはなかったころだったので、学生たちにとっては、生物学のさまざまな分野で活躍している研究者たちから生でその成果を聞くことができる貴重な機会であった。この発表会のメインとして毎週行われるのが、大学院生たちによる研究の企画構想および進捗状況に関する報告である（大学院生のセミナーとしての扱いであった）。大学院生たちは自分の研究を二〇分間ほど英語で発表し、その後三〇分近く全教員との質疑応答が続く。質疑応答は英語ではなく中国語であったが、その内容はときに厳しく、大学院生たちにとって質問や意見に対するディフェンスはかなりたいへんそうであった。私はいろいろな発表会に参加したが、とくに生態学に関する研究テーマの場合、〝仮説の設定〟が重要視された。これがきちんとできていないテーマは厳しく指摘され、場合によってはテーマの変更を余儀なくされることになる。科学における論理的方法論として仮説検証は大切である。研究者の卵として大学院生たちを育成する期間中に、この哲学を自然にしっかりと叩き込むような効果を狙った研究発表会であった。〝なにがあなたの仮説なのか〟、そして〝あなたがその仮説を導き出した根拠はなにか〟。この二つをまずは明確にすることが発表会の大前提となる。これらをきちんと説明するために、大学院生たちはその研究の背景について徹底的に勉強することになる（自然に研究の〝基礎体力づくり〟をすることになる）。たんに研究の歴史的な背景をなぞって説明するのではなく、その背景のなかでの論点や矛盾点などをしっかりと把握し、そのうえで自身のオリジナル仮説をこれらの土台の上に構築するわけである。こういったじっくりとした思考にもとづいて実行に移される研究はかなり成熟度が高くなり、なぜ台湾の哺乳類学研究の質が高いのかは、このような研究開始前の成熟度のためではないだろうかと私は感じている。また、大学院生を対象とした講義には、〝生物哲学〟という授業があった。二〇年前の台湾の政権は民進党の陳水扁（チン・スイヘン）総統が率いていたが、その際にアフリカのガンビア大使として国際的に活躍されていた林俊義（リン・ジンイー）博士がこの科目を担当されていた。ちなみに林俊義博士は林良恭博士の恩師であり、二人は共著で台湾の哺乳類の動物地理に関する総説的な中国語論文を発表している（Lin and Lin 1983）。林俊義博士の哲学的な問いかけは学生たちになかなかの刺激を与えており、少なくとも学ぶことに対する姿勢をじっくり考えるよい機会となっていた。林俊義博士は「研究をするということとは楽しいことばかりではなく、ときに苦しいことを克服しなければいけない。たとえていえば修道士の修行のようなものかもしれない」と学生たちに話されていたそうだ（大学院生たちからのお話である）。私は、林俊義博士から、ガンビアでずいぶん以前にカメレオンの生態を研究されていたというお話をうかがったことがある。数十年前のガンビアでの研究活動は苦労の連続であったことが容易に想像できる。自身の経験に裏打ちされた生物哲学であるが故に、学生たちの感性にしっかりと届くのかもしれない。

現在、私は日本の国立大学（帯広畜産大学）で野生哺乳類に関する教育を行っている。台湾時代と現在とでなにが異なるであろうか。簡単には説明しにくいが、まず大学の業務量である。台湾時代の私は、最初は客員助教、そして任期つき助教というポジションに就くが、中国語がまったくできない外国人であったため、台湾人の教員たちと比べて管理・運営に関する仕事が少なかった（いや、正直にいってほとんどなかった）ことは確かである。しかしながら、私が眺めた限りでは、日本の大学教員の業務と比べて台湾の教員の業務量（量というよりも業務の範囲・種類と書いたほうが正確かもしれない）は明らかに少なく、教育および研究に集中できる形になっていた。まず、あたりまえのように日本の各大学が実施している入試の負担が台湾にはあまりない。私が赴任したころの台湾では、各々の大学が個別に入試を実施するのではなく、一回の共通試験（大学連合招生考試験＝〝連考〟と呼ばれていた）で終わりであり、受験生はこの成績にもとづいて希望の大学へ進学するシステムであった。共通試験の実施体制は、日本の大学入試センターのような組織が主体となっているが、日本のように、大学教員が試験時の監督を務めることはなかった。大学教員がこの共通試験の問題作成を担当することもあるが、これは台湾全体でのくじ引きのようなものであり、あたってしまう確率は低い（日本の大学入学共通試験の作成委員会などと同様のイメージである）。入学試験はほんとうにこれのみであったため、日本のような大学ごとの個別学力試験の準備が不要で、問題作成の総エネルギー量は少なくなる。私は、法人化を果たした現在の日本の国立大学の仕事量の多さに帰国してから驚かされたが、とくに入試関連のエネルギーの大きさには閉口である（これは、私が現在の大学で入試関連業務の統括責任者などを務めていたためであるかもしれないが……）。国立大学の法人化は私が台湾へ赴任する二～三年前から決定となり、私が日本へ戻ったときには各大学でほぼ体制が整っていた。このため、私は台湾滞在中に法人化体制の〝浦島太郎状態〟になってしまっていたのである。日本の国立大学では、年間に実施する入試の回数や種別も多く、大学院と学部を合わせて平均すると、ほぼ毎月のようになんらかの入試を実施している計算になる。入試は大学のアイデンティティーの根幹であるという認識のもと、日本では各大学がこれを実施しているが、このエネルギーを研究や教育に少しでも振り替えることができれば、それだけで日本全体の〝科学エネルギー〟が大きく補填されるであろうと私は感じている。いろいろとお叱りを受けそうな問題発言であるかもしれないが、どうぞ本書ではご容赦いただきたい。

現在の台湾では〝連考〟制度が変更となっている。高校二年生までの学力を重視する共通試験（大学学科能力測検＝〝学測〟と呼ばれている）と高校三年生までの学力をベースとする共通試験（大学指定科目考試＝〝指考〟と呼ばれている）とに分かれており、前者では日本の推薦試験のような要素も取り込まれ、面接や小論文なども合否のポイントとなっているようである（台湾の教壇を去ってから久しい私には正確な制度はよくわからないので、詳細な説明は本書では記さない）。しかしながら、どちらの試験も台湾全体での一斉試験であり、日本のように大学ごとに個別学力試験を作成しているシステムではなさそうである。

法人化が進行した結果、日本の大学では改革が日々求められており、日本中を見渡したときに、たんなる「改革のための改革」があちらこちらで起こっているように私にはつくづく感じられる。そして、改革のエビデンスなるものが常時求められ、これを無理矢理つくりだすような作業が日々の大学業務で要求されているように感じる教員も多いのではないだろうか。大学の中期目標なるものが定められ、そこに書かれた数値目標をクリアできるエビデンスが最優先課題となるのである。大学によって状況はさまざまであるが、この数値目標を含めた改革の中身には首をひねってしまうことばかりである。そして、この教員も事務員もかなりのエネルギーを消耗せざるをえない形骸的な取り組み（私の目にはこう映ってしまう）の裏側で、さまざまな実質的な課題や問題は放置される場合がしばしばである。たとえば、台湾の大学では、教員のサバティカル制度がはっきりと決まっていた。三年間連続して勤務をすれば、半年間のサバティカル休暇が保証される。教員はこの休暇を利用して海外へ研修に出かけたり、長期の調査活動を実施したりすることができる。サバティカル制度の活用により、台湾の大学教員は確実に学術成果を昇華させている。この期間に論文をまとめて執筆したり、著書の原稿を書いたりと、講義が多いなかではできなかった作業に集中することができるのである。そして、大学の講義は高校や中学の授業ではない。もちろんシラバスに記載する骨太の講義内容は決めておかないといけないが、ブラッシュアップを重ね、学生たちに最新の情報を届けるような配慮も必要であろう。こういった姿勢で講義の準備をじっくり練るためにも、サバティカルの時間は活用可能である。日本でもサバティカル制度が制定されている大学は多いが、現実問題として多くの教員はこれを利用できる状況に置かれていない。毎日の業務が重なり、サバティカル休暇は絵に描いた餅として存在する、たんなる飾りものとなっている。夏季休暇・冬季休暇・春季休暇についても同様で、台湾では、休暇期間中、教員はほとんど大学に姿を見せなかった。せっせと大学にきて実験をしていたのは私だけだったかもしれない。学生と同様に教員にとってもこれらは大切な休暇であった。この間に、論文や著書の執筆・講義の準備・海外長期調査・海外研修など、さまざまなことを行うことができるのである（これは台湾のみならず、世界の大学ではおそらくあたりまえのことであり、例外は日本だけかもしれない）。

それから、台湾の大学で驚いたことの一つが、小さいながらも仕事に対する明確な報酬が存在することである。日本の大学ではさまざまな雑事があっても、これらはみな大学の〝職務〟の一つとして片づけられ、特別な報酬はほとんど期待できない。台湾東海大学では、国際化推進のために、教員が英語で講義をすると英語手当が支給された。へたな英語で講義をするしかなかった私にとって、これはうれしい驚きであった。今となっては記憶が曖昧であるが、Japanese broken English でこのようなお金をいただいては申しわけないので、これについてはとくに支給申請をしなかったと思う。また、年に三編以上のインパクトファクターがついた英語論文を国際雑誌に第一著者や責任著者として発表すると、金一封がいただけた（私はこちらはありがたくいただいたことがある）。そして、学長から年始のお年玉が全職員に配られることもあった。日本のような白色のお年玉袋ではなく、台湾ではおめでたいときには赤色の封筒が使われる。台湾の大学には、このように日本とはずいぶん異なるごほうび制度があったが、これが良いか悪いかを一概に判断することはむずかしい。この仕組みがあまりにも発展しすぎると、仕事をした際のチップ制度のようなものになってしまいそうである。しかしながら、日本の大学では〝やりがい搾取〟がもはや常識として定着しているように私は感じている。台湾のようにアウトプットに対する評価を確実に行うことは大切なことであるかもしれないが、日本社会の価値観ではかなりむずかしいことかもしれない。おそらくボーナスの査定が精一杯であろう（ちなみに、私が人生で最初にいただいたボーナスは、台湾東海大学からであった）。台湾では、アウトプットに対する評価のバランスが、社会のなかで自然に培われているような印象であった。

また、昇任制度や職階に対する扱いも日本とはまったく異なっていた。日本では助教・准教授・教授の職階は厳格であり、管理・運営仕事などの責任者は教授しかできない場合がほとんどであろう。台湾ではこのようなことはなかった。たとえば、台湾東海大学生物系の学科長は助教・准教授・教授の持ち回りで担当していた。助教も学科長を務め、任期中はそれなりの力を発揮することができる。台湾における助教・准教授・教授の職階は、純粋に研究業績によって決められており、審査には学外審査委員も加わる厳格なものであった。そして、この職階は管理・運営の仕事と必ずしもリンクするものではないのである。外国人の私が知らなかっただけで、教授しかできない仕事も多々あったのかもしれないが、少なくとも学科の運営レベルではかなり公平であった。議論の場もリベラルで、教授の一喝で助教が黙り込むような、昔の日本（今もそうかもしれない）にありがちな立場の強弱もなかった。日本の大学では、職階と業務の間で〝ねじれ〟が生じているように私はつねづね感じている。「教授になるためにはこれだけの研究業績が必要である、そして、教授になったら管理・運営を責任を持って担当する……」というのが人事におけるお決まりのパターンであるが、研究業績と管理・運営能力は必ずしも比例するものではない（もちろん、両方とも難なくこなされている優秀な方も多々存在するが……）。研究業績で昇任させるのであれば、今後の研究の発展を期待するべきであり、管理・運営能力を期待するのであれば、研究業績ではない別の物差しで本来評価をすべきであろう。日本では、助教・准教授・教授という職階が、たとえば公務員の係長・課長・部長のような職階と同じような扱いを受けており、しかも昇任の基準が昇任試験ではなく、研究業績という妙な事態が起きていると私は感じている。日本のすべての大学がこのようになっているわけではないが、少なくとも多くの大学が該当するのではないだろうか。台湾での勤務経験がなければ、私はこの〝おかしさ〟に気づかずにいたかもしれない（いや、気づきながらも、さほど深刻に考えることはなかったかもしれない）。私の視野を広げてくれた、そして価値観を変えてくれた台湾の社会に感謝である。

哺乳類学のお話からかなり脱線してしまい恐縮であるが、この機会にもう少しだけ述べさせていただきたい。私は、哺乳類学も含めた科学はきちんとしたゆとりがない環境では醸成できないものであると考えている。台湾の教員も暇なわけではなく、かなり忙しい方ももちろんいた。しかし、これは自身の研究プロジェクトや専門家であるが故の社会貢献などに関連した忙しさであった。研究者が研究者としての忙しさに直面しているのであれば、これはきわめて健全かつ充実した状況であろう。しかしながら、現在の日本の大学では、そうではないことに関する仕事で教員が忙殺されてしまい、ゆとりがなくなる事態が日常的に勃発している。哺乳類に関する研究のみではなく、日本のすべての科学シーンでこのゆとりのあり方を一度認識する必要があるのではないだろうか。近年、日本の科学論文の生産力の低下に歯止めがかからない。令和四（二〇二二）年度の文部科学省の科学技術・学術政策研究所の調査結果では、日本の「注目すべき科学論文数」が世界で一〇位にまで落ち込んだことが報告されている。その当面の対策として、単純に研究費の確保が叫ばれているが、私は、お金よりも時間や仕事配分を懸念している。もちろん研究費は大切であるが、論文をじっくり練り上げるための時間の保証も大事だと感じている。〝ゆとりの確保〟は台湾での教員生活を経験して私が学んだ大切なことの一つである。そして残念ながら、私は日本でこれがまったく実現できていない。

さて、最後に台湾の政治的なお話にも少し触れておこう。台湾にはいくつかの政党があるが、中国国民党（国民党）と民主進歩党（民進党）の勢力がもっとも大きく、選挙の際はそれぞれ候補者を擁立して活発な選挙戦となる。とくに総統選挙のときは、この選挙戦が激しくなる。私の台湾在職中の印象であるが、日本とは異なり、学生たちは政治に対してかなり積極的であった（投票を行うために投票場所である実家へ戻ったりすることが普通であった）。中国との関係を今後どのようにするのかが選挙戦の裏側にはつねに存在しており、選挙の結果がそのまま自分たちの将来へ反映されることをよく理解しているようであった。そして、これは私のような日本人が生半可に入り込むことができないデリケートな問題なのである。台湾人は、先祖が古くから台湾に住んでいた〝内省〟と戦後、蔣介石率いる国民党と一緒に先祖が台湾へ移住した〝外省〟に大きく分けて語られるときがある。中国との将来を考える際に、この立場の違いなども大きな背景となっている印象であった。しかしながら、実態はさらに複雑で（先住民や客家系の人々など、いろいろな立場の人たちがいる）、歴史的、経済的な問題を絡めて、さまざまな価値観の存在を私は感じることができた。本書のテーマは歴史や政治ではないので詳細な記述はしないが、台湾の学生たちは将来を考えた議論や政治参加を普通に行っている。学生も含めたすべての世代で投票率がますます低下する一方の日本の社会とは大きな違いである。問題（台湾の場合、将来的な中国との関係）に対する直近的な危機意識が、政治参加には重要であるのかもしれない。

台湾のように複雑な価値観が交錯するなかでは、言葉に出して議論をすることは大切である。日本の社会では、〝空気を読む〟やなにもいわずにだれかに気づかれるのを待つような奥ゆかしいやり方がよくあるが（これが美徳のようにとらえられることまであるが）、このようなやり方はそもそも価値観が大きく違う人間が集まった空間では意味をなさない。なにか大切なことがあっても、それをきちんと言葉で伝えようとしなければ、その大切なことは存在しないに等しいのである。台湾内には台湾語と中国語の二つのメジャーな言語があり、両者は日本の方言のようなレベルではなく、まったくの別物である（中国語は多くの台湾人が普通に話していたが、台湾語は話せる人と話せない人がいた）。そして、先住民の民族は各々が特有の言語を持っている。九州と同じくらいの面積のなかにこのような言語の多様性が存在すれば、〝空気を読む〟といったことはまず不可能である。実際に、台湾社会ではほんとうに議論が活発であった。台湾東海大学生物系の教員の会議でも議論がかなり白熱することもあったが、これが大きなケンカさわぎにはならず、会議の後にはみなでそろって弁当を食べながら談笑をするという流れとなる。〝議論は議論としてきちんと行い、これは感情的なケンカとは別物である〟という徹底した姿勢に感心させられた（日本ではこれくらいいい合えば、関係が破綻して後々の遺恨・派閥化に発展しそうなレベルの議論も多々あったのである）。この台湾の人たちの議論の姿勢に接して、台湾社会では、じつは日本よりもはるかに民主主義の精神が根づいて成熟しているのだと強く感じさせられた。

哺乳類の社会教育

現在、日本でも大学や研究機関ではなくNPOなどの組織による一般向けの野生哺乳類の観察会・教育活動が各地で活発に行われている。この傾向は台湾でも同様である。たとえば、「台湾蝙蝠学会（現在は台北市蝙蝠保育学会と改称したようである）」は、子どもたちを対象としたコウモリ観察会を開催したり、さらに、コウモリが営巣するための巣箱を子どもたちとつくって設置したりと、保全教育・環境教育に重点を置いた活動を行っている。台湾蝙蝠学会は、林良恭博士の研究室でコウモリを研究テーマとして扱った卒業生や台湾東海大学生物系出身で国立台湾大学で学位を修得した徐昭龍（シー・ジャオーロン）博士らが主体となって活発な活動を続けている。このような観察会などのイベントは、コウモリに限らず現在では台湾のさまざまな地域で実施されるようになっており、社会一般への哺乳類を含めた環境保全に関する啓蒙体制がかなり整ってきていると私は考えている。

さて、思い出話に少しだけおつきあいいただきたい。台湾へ着任する少し前のことである。日本から林良恭博士の研究室を訪れたときに、教育についておもしろい体験をすることになった。林良恭博士の依頼で、小学校の教員を対象に日本の哺乳類を紹介する講演を一〇～一五分程度行うことになったのである。私には中国語での講演は無理なので、林博士が通訳をしてくださるとのことであった（林博士が一時間ほど講演をされ、その後の付録として私が簡単な話をすることになっていた）。林博士は、台湾で哺乳類研究に関する社会啓蒙活動をされており、これはその一環であった。小学校の教員対象とのことだったので、一応簡単な中国語や英語をミックスさせたＯＨＰ（オーバーヘッドプロジェクター）用フィルムを準備して持参した。パワーポイントの使用があたりまえとなるなか、ＯＨＰはもはや〝化石〟となってしまったなつかしい機器の一つであるが、この時代はまだ普通に汎用されていた（ちなみに台湾在職中、私はＯＨＰでほとんどの講義を行っていた）。林良恭博士に連れられて講演会の会場に着いたところ、驚いたことに連絡上の大きなミスが発覚した。今回の講演は小学校の教員対象ではなく、小学生（高学年）対象であったのである。そして、この小学生対象の講演会は、最近日本の大学教員がよく実施している小学校への〝出前授業〟のようなものではなかった。台湾内で知能指数が高い小学生が選ばれて参加しており、まさに英才教育セミナーのようなものだったのである。優秀な小学生がそろっているわけであるが、私の準備した講演内容は小学生にはかなりむずかしかった。このときのお話であるが、「小学校の教員は野生動物が媒介者となる感染症から子どもたちを守らないといけないだろう」と考え、人獣共通感染症に私はテーマを絞っていた。小学生相手のお話に急遽対応するにはどうしたらよいか、大ピンチであったが、私は、ＯＨＰフィルムに油性マジックで絵を描きながら話をするという方法に切り替えた。じょうずな絵でなくとも、最低限大意を伝達することができればという苦肉の策である。まずキツネの絵を描いて、その肛門から出てくるウンチの漫画をさらに描き、そしてウンチのなかに含まれるエキノコックスという寄生虫の虫卵の話をしてみたのであるが、小学生たちはその絵と漫画に大喜びであった（ちなみにキツネは台湾には分布していないので、日本らしい哺乳類として紹介することができた）。私は言葉が通じない局面での絵・漫画はとても重要であることをよく学ぶことができたが、大切なのはもちろんそこではなく、台湾では小学生への英才環境教育がその当時すでに実施されており、そのテーマとして野生哺乳類が教材になっていたことである。現在の台湾でも、このような小学生対象の英才セミナーが実施されているのかどうかはわからない（おはずかしい話であるが、そもそもこのセミナーの実施母体がなにであったのかを私はまったく理解していない）。しかしながら、一九九〇年代の後半にこういった試みを実践していた台湾の（あるいは台湾の一部の）初等教育は評価すべきであろう。環境保全に関する考え方や価値観は付け焼き刃でできあがるものではない。自然に社会に浸透するような地道な種蒔き活動が大切である。そして、私がこのセミナーを手伝った二〇年以上前に、このような種蒔き活動が行われていた台湾であるからこそ、現在のような環境に対する理解の深化へとつながったのかもしれない。

3　これからの哺乳類学

本章の最後に、まずは外来種に関することを記しておきたい。クリハラリスが外来種として日本、イタリア、フランス、アルゼンチンに定着していることは第3章ですでに述べたが、台湾から移入されて日本に定着している哺乳類はこれのみではなく、ハクビシンとタイワンザルをあげることができる。本書の大きなテーマであった系統地理学的な哺乳類の隔離や移動とは無関係に起きてしまった人為的影響の結果である。私たちが日本の哺乳類の保全や管理を考える場合、同時にこれら台湾からの移入哺乳類の生物学的な情報についても知っていたほうがよい。なぜなら相手（外来種）の習性や特徴（生態系における役割など）をしっかりと把握していないと、適切な対策を講じることができない場合があるからである。タイワンザルについては、亜熱帯産でありながら積雪地帯である青森県に定着しており、種間交雑によって在来のニホンザルに与える影響が懸念されている（実際に両種の交雑個体が確認されている）。和歌山県においても交雑個体が発見されたが、さまざまな方の尽力でこの個体群については二〇一七年に根絶宣言がなされている。タイワンザルのように、日本の在来種と交配可能な哺乳類種については、生物多様性への影響をとくに配慮しなければならないだろう。ハクビシンの起源についてはミトコンドリアＤＮＡの塩基配列の分析結果から、少なくとも日本産の一部の集団については、台湾から移入されたものであることが示されている（Masuda *et al.* 2010）。日本における外来種問題は、台湾産の哺乳類に限ったことではない。さまざまな外来動物種に注意を払いつつ、在来種哺乳類の保全を考えることが必要であろう。

本書では、台湾の哺乳類と哺乳類学について私が実地で体験することができた内容を中心にざっと記してみた。同時に、日本の哺乳類学についても比較の意味を込めつつ、少しだけ書かせていただいた。残念ながら、台湾の複雑・多様な環境に生息する多くの哺乳類を本書ではほとんど自信を持って紹介することができていない。八〇種を超える哺乳類種のなかで紹介したのはわずか一握りで、また、紹介しながらも上っ面をなでる程度のお話しかできなかった。このような少ない情報で本書を執筆してよいのか否か。当初、これが私の大きな悩みの種であった。読者諸氏にとって理解しきれない消化不良気味な記述になってしまった部分も多いかと思う。この不手際について最後にお詫びしたい。しかしながら、実際のところ、私はこれが台湾の哺乳類学の現状であろうと考えている。多くの哺乳類が未研究のままとなっており、今後の深化した研究が待たれている。日本の哺乳類学はどうであろうか。さまざまな種の生態が研究され、かなりの知見が蓄積されていることはまちがいないが、わかりきっているようでわかっていないことがいかに多いかに最近驚かされている（日本の哺乳類の不思議さについては、本書の内容を大きく逸脱してしまうのでくわしくは記さない）。

現在、私は日本哺乳類学会の理事長を僭越ながら務めている。日本哺乳類学会は令和五（二〇二三）年で創立一〇〇周年を迎える長い歴史を持った組織である。日本人は意外と古くから哺乳類学と真摯に向き合ってきたのである。これからの哺乳類学はどのように進んでいくのであろうか。また、なぜ私たちは古くから哺乳類を研究しているのであろうか。私たちはいわずもがな哺乳類の一種である。野生哺乳類の生きざま、そして野生哺乳類に起きている状況を知ることで、私たち自身の生きざまと将来を見つめ直すきっかけを見いだすことができるに違いないと私は考えている。第3章のクリハラリスの節で紹介した世界のリス類研究者のリーダー的存在であるワイオミング大学ハウブ校環境天然資源学部長のジョン・コプロウスキー教授が、「リス類は環境の変化を知るためのカナリヤだ」と以前いっていたことがある。かつてイギリスでは有毒ガスの発生が疑われる炭鉱で、飼鳥のカナリヤがガスを検知するために利用されていたことがある。箱に入ったカナリヤの様子で、炭鉱夫は一酸化炭素などの存在にいち早く気づいて避難することができたのである。樹上性リス類は森林環境の変化にともない、その行動が変わり、また大きく森林環境が変わってしまった場合、その場所に生息することがもはやできなくなってしまうことがある。私は、この考え方をリス類ではなく、最終的には哺乳類という枠にまで拡大解釈できるだろうと考えている。多くの野生哺乳類種はヒトとは異なっている。しかし、哺乳類である限り、ヒトと類似した特徴をたくさん持っていることも明らかな事実である。野生哺乳類が生息しなくなってしまうような環境は、おそらくヒトにとっても住みやすい環境ではないことを読者諸氏も自然体で感じること、イメージすることができるであろう。

日本では現在、ニホンジカ、イノシシ、ニホンザル、ツキノワグマ、ヒグマ、ニホンカモシカなどによる農作物への被害が大きな社会問題となっている。これに対する必然性もはらんで、日本の哺乳類学は野生動物の管理、そして保全というテーマに向かって大きく邁進している。これらは実社会と野生哺乳類の関係を正面から見据えた大切な研究課題であろう。この状況は台湾でも同様であり、今後ますます管理や保全に比重を置いた研究が発展することになるだろう。しかしながら、その裏側で哺乳類に関する基礎的な研究がやや少なくなりつつある雰囲気を感じている。哺乳類各種が持つ特徴（生理、形態、行動など）については未知の部分がまだ山積状態である。確かに、これらが明らかになったところで、すぐになにかに役立つものではないが、基礎研究の情報が多ければ多いほど、これにもとづいた管理・保全といった応用研究も確固たるものになると考えられる。私は両者のバランスが今後じょうずに構築されることをつねに願っている。哺乳類学が健全かつ着実に発展することによって、最終的にはめぐりめぐって私たち自身の社会生活の健全な構築につながるものであると信じたい。そして、あまり切羽詰まった必然性や有用性を掲げるのではなく、「哺乳類の研究は純粋におもしろい」というモチベーションもとても大切なのではないだろうか。四〇年にわたって、日本・台湾をはじめとするアジアの哺乳類を眺めてきた私は、最近シンプルにこのような結論に至っている。読者諸氏にもこのようなややのんきな（そしてかなり気長な）視点で、今後の哺乳類学をとらえていただければと私は考えている。

おわりに

二〇歳のころから我流で野生哺乳類の研究を始め、令和四（二〇二二）年でちょうど四〇年目になる。この節目に本書を執筆できたことは幸甚の至りである。読者諸氏にあきれられてしまうかもしれないが、本書の執筆を始めたのは二〇〇四年である（一八年も前のことなのである）。当時、まだ私は台湾で暮らしており、本書で紹介した多くの研究成果は論文として公表されていなかった。そして当初、本書は専門書として研究者・大学院生を対象とした内容にまとめる予定であった。数年の間（二〇〇五〜二〇〇七年の期間）にすべての論文化できるデータを専門の英文雑誌に公表し、これらをベースに専門書を仕上げる計画であったが、この論文化がうまく進まず、大幅に執筆計画がずれ込んでしまった（〝獲らぬ狸の皮算用〟には要注意である）。最終的に、まとめ方も専門書としてではなく、一般の方を対象としたものに大きく変更してみた。私のこの遅々とした仕事ぶりに忍耐強くおつきあいいただいた東京大学出版会編集部の光明義文氏には感謝しかない。この場を借りてまずはお礼申し上げたい。同時に心からお詫び申し上げたい。光明氏に叱咤激励していただきながらなんとか本書を作成できたことは、ほんとうにうれしい次第である。

本書の執筆に際して、あらためて私が台湾の方たちから受けた恩恵を再認識した。あまりに多くの方々にお世話になっているので、お名前をすべてあげることがむずかしい（書き落としがたくさんありそうで、ほんとうに申しわけない限りである）。台湾の大学の林良恭博士、郭宝章博士、廖日京博士、于宕燦博士、李玲玲博士、裴家騏博士……ほか多くの先生方、そして、かつての台湾の学生たち（張仕偉さん、蔡雅芬さん、林笈克さん、王豫煌さん、李仁凱さん、袁守立さん、詹易樵さん、張育誠さん、周政翰さん、蘇志峰さん、姚正得さん……ほか多くの学生のみなさま）に心よりお礼を述べたい。学生たちはほんとうにがんばって研究に取り組んでくれた。いくつもの論文を国際雑誌に発表できたのは、彼らのがんばりがあってこそであった。張仕偉さんには、本書に使用している哺乳類の写真を個人的にたくさんご提供いただいた。深く感謝したい。台湾の国立自然科学博物館の学芸員の陳彦君さん、廖慶隆さんには台湾滞在中に研究面でたいへんお世話になった。心よりお礼を述べたい。そして、台湾東海大学の教員および事務員のみなさま、林良恭博士の研究室のスタッフのみなさまに深く感謝の意を表したい。

日本の方たちからも台湾関係の研究ではたいへんお世話になった。こちらもあまりに多くの方々にお世話になったため、お名前をすべてあげることができないが、どうぞ平にご容赦いただきたい。私と一緒に台湾でさまざまな活躍をしてくださった日本人研究者のみなさま（阿部永博士、安藤元一博士、遠藤秀紀博士、大舘智志博士、小原良孝博士、川田伸一郎博士、川道武男博士、川道美枝子博士、原田正史博士、細田徹治博士、増田隆一博士、本川雅治博士、柳川久博士……ほか多くのみなさま）、そして、日台合同リス・ムササビ類学術交流会議の開催でご協力いただいたリス・ムササビネットワークのみなさまに心より感謝の意を表したい。さらに、大学時代および大学院生時代に台湾関連の研究でさまざまなご指導・ご協力を賜った先生方、北里大学生物部および自然界部のみなさま、北里大学獣医畜産学部実験動物学研究室のみなさま、弘前大学理学部生物学科系統および形態学講座のみなさま、そして北海道大学理学部附属動物染色体研究施設のみなさまに深く感謝したい。

写真42　台湾東海大学の記念植樹（撮影：押田龍夫）。

台湾を去るにあたって、台湾東海大学生物系で大々的な送別会を催していただいた。驚いたことに、退職する教職員は記念にキャンパスへ植樹をするというプレゼントまで用意されていた。私は校舎のすぐ脇に苗を植えた（植える場所は自由であったが、環境がよいと大きくなりすぎるかもしれないので、やや日陰を選んでみた）のであるが、記念樹は今でも育っている（写真42）。そして、その記念樹のそばでは、なぜか毎年のように〝ズグロミゾゴイ〟が繁殖をするのである。私の記念樹の〝守り鳥〟のように、ほぼ毎年ズグロミゾゴイの雛（写真43）が現れ、私の樹の様子をじっと見守ってくれている（私の勝手な思い込みであるが、ズグロミゾゴイの雛たちにも感謝である）。

私は三〇代のときに両親を亡くすことになる。母は私が台湾に赴任した翌年に他界した（父はその数年前に他

写真43　ズグロミゾゴイの雛（撮影：押田龍夫）。

界していた）。台湾での生活も含め、四〇歳過ぎまで定職に就かず、研究職を転々としていた私は、けっきょく親孝行がなに一つできなかった。両親ともさぞや私の将来を案じていただろうと思う。今冷静に振り返ってみると、ほんとうに非常識な生き方であった。両親にはこの場を借りて深くお詫びをし、そして深く感謝したい。

台湾は私の第二の故郷である。私の家内は台湾人である。そもそも哺乳類学とはまったく縁がなかったのであるが、中身はわからないまでも私の台湾関連の仕事を台湾時代からずっと支えてくれている。本書の作成に際しても、家内にはいろいろな台湾の情報を教えてもらった。自宅で本書を執筆中、家内がそっとコーヒーを私のパソコンの隣に置いてくれる。本書の最後に家内へ深く感謝したい。

押田龍夫

引用文献

Adler, G. H. 1996. Habitat relations of two endemic species of highland forest rodents in Taiwan. Zoological Studies 35: 105–110.

Alexander, P., Lin, L-K. and Huang, B-M. 1987. Ecological notes on two sympatric mountain shrews (*Anourosorex squamipes* and *Soriculus fumidus*) in Taiwan. Journal of Taiwan Museum 40: 1–7.

Chang, C-H., Kaifu, Y., Takai, M., Kono, R. T., Grun, R., Matsuura, S., Kinsley, L. and Lin, L-K. 2015. The first arctic *Homo* from Taiwan. Nature Communications 6: 6037.

Chang, S-W., Oshida, T., Endo, H., Nguyen, S. T., Dang, C. N., Nguyen, D.X., Jiang, X., Li, Z-J. and Lin, L-K. 2011. Ancient hybridization and underestimated species diversity in Asian striped squirrels (genus *Tamiops*): inference from paternal, maternal, and biparental makers. Journal of Zoology 285: 128–138.

Chao, J-T., Fang, K-Y., Koh, C-N., Chen, Y-M. and Yeh, W-C. 1993. Feeding on plants by the red-bellied tree squirrel *Callosciurus erythraeus* in Taipei Botanical Garden. Bulletin of Taiwan Forestry Research Institute, New Series 8: 39–50.

Chen, M-T., Liang, Y-J., Kuo, C-C. and Pei, K. J-C. 2016. Home ranges, movements and activity patterns of leopard cats (*Prionailurus bengalensis*) and threats to them in Taiwan. Mammal Study 41: 77–86.

Chiang, P-J., Pei, K. J-C., Vaughan, M. R., Li, C-F., Chen, M-T., Liu, J-N., Lin, C-Y., Lin, L-K. and Lai, Y-C. 2014. Is the clouded leopard *Neofelis nebulosa* extinct in Taiwan, and could it be reintroduced? An assessment of prey and habitat. Fauna and Flora International 49: 261–269.

Duckworth, J. W., Salter, R. E. and Khounboline, K. 1999. Wildlife in Lao PDR: 1999 status report. IUCN, Vientiane, Lao PDR. pp. 275.

Greenspan, E., Giordano, A. J., Nielsen, C. K., Sun, N. C-M. and Pei, K. J-C. 2020. Evaluating support for clouded leopard reintroduction in Taiwan: insights from survey of indigenous and urban communities. Hu-

man Ecology 48: 733–747.

Guan, Y., Zheng, B. J., He, Y. Q., Liu, X. L., Zhuang, Z. X., Cheung, C. L., Luo, S. W., Li, P. H., Zhang, L. J., Guan, Y. J., Butt, K. M., Wong, K. L., Chan, K. W., Lim, W., Shortridge, K. F., Yuen, K. Y., Peiris, J. S. M. and Poon, L. L. M. 2003. Isolation and characterization of viruses related to the SARS coronavirus from animals in southern China. Science 202: 276–278.

Ho, C-K., Qi, G-Q. and Chang, C-H. 1997. A preliminary study of late Pleistocene carnivore fossils from the Penghu Channel, Taiwan. Annual of Taiwan Museum 40: 195–224.

Hosoda, T., Suzuki, H., Harada, M., Tsuchiya, K., Han, S-H., Zhang, Y-P., Kryukov, A. P. and Lin, L-K. 2000. Evolutionary trend of the mitochondrial lineages differentiation in species of genera *Martes* and *Mustela*. Genes and Genetic Systems 75: 259–267.

Hsu, F-H., Lin, F-J. and Lin, Y-S. 2000. Phylogeographic variation in mitochondrial DNA of Formosan white-bellied rat *Niviventer culturatus*. Zoological Studies 39: 38–46.

Hsu, F-H., Lin, F-J. and Lin, Y-S. 2001. Phylogeographic structure ot the mitochondrial DNA of Formosan wood mouse, *Apodemus semotus*. Zoological Studies 40: 91–102.

今泉吉晴．1983．ムササビ──小さな森のちえくらべ．平凡社，東京．

Jones, G. S. and Mumford, R. E. 1971. *Chimarrogale* from Taiwan. Journal of Mammalogy 52: 228–232.

Kao, J., Chao, J-T., Chin, J. S-C., Jang-Liaw, N-H., Li, J. Y-W., Lees, C., Traylor-Holzer, K., Chen, T. T-Y. and Lo, F. H-Y. 2020. Conservation planning and PHVA in Taiwan. In（Nyhus, P., Challender, D. W. S., Nash, H. C. and Waterman, C., eds.）Pangolins: Science, Society and Conservation, pp. 559–577. Academic Press, Elsevier, London.

川田伸一郎．2010．モグラ──見えないものへの探求心．東海大学出版会，秦野．

Kawada, S., Shinohara, A., Kobayashi, S., Harada, M., Oda, S. and Lin, L-K. 2007. Revision of the mole genus *Mogera*（Mammalia: Lipotyphla: Talpidae）from Taiwan. Systematics and Biodiversity 5: 223–240.

Kawamichi, T. 1997. Seasonal changes in the diet of Japanese giant flying

squirrels in relation to reproduction. Journal of Mammalogy 78: 204-212.

Kuo, C-C. and Lee, L-L. 2003. Food availability and food habits of Indian giant flying squirrels (*Petaurista philippensis*) in Taiwan. Journal of Mammalogy 84: 1330-1340.

Kuo, C-C. and Lee, L-L. 2012. Home range and activity of the Indian giant flying squirrel (*Petaurista philippensis*) in Taiwan: influence of diet, temperature, and rainfall. Acta Theriologica 57: 269-276.

Lee, P-F., Progulske, D. R. and Lin, Y-S. 1986. Ecological studies on two sympatric *Petaurista* species in Taiwan. Bulletin of the Institute of Zoology, Academia Sinica 25: 113-124.

Lin, J-Y. and Lin, L-K. 1983. A note on the zoogeography of the mammals in Taiwan. 台湾省立博物館年刊 26: 53-62.

Lin, L-K. and Shiraishi, S. 1992a. Reproductive biology of the Formosan wood mouse, *Apodemus semotus*. Journal of Faculty of Agriculture, Kyushu University 36: 183-200.

Lin, L-K. and Shiraishi, S. 1992b. Demography of the Formosan wood mouse, *Apodemus semotus*. Journal of Faculty of Agriculture, Kyushu University 36: 245-266.

林良恭・陳彦君. 1999. 腹部毛色の特徴に基づいた，タイワンリス *Callosciurus erythraeus* の分類学的検討について. 哺乳類科学 39: 189-191.

林良恭・李玲玲. 1999. 台湾・日本合同リス・ムササビ類学術交流会議の開催にあたって. 哺乳類科学 39: 135-136.

Lin, L-K., Motokawa, M. and Harada, M. 2010. A new subspecies of the least weasel *Mustela nivalis* (Mammalia, Carnivora) from Taiwan. Mammal Study 35: 191-200.

Lin, L-K. and Motokawa, M. 2014. Mammals of Taiwan, Vol. 1 Soricomorpha. Tunghai University, Taichung, Taiwan and Ministry of Science and Technology, Taipei, Taiwan.

Liu, P-Y., Cheng, A-C., Huang, S-W., Lu, H-P., Oshida, T., Liu, W. and Yu, H-T. 2020. Body-size scaling is related to gut microbial diversity, metabolism and dietary niche of arboreal folivorous flying squirrels. Scientific Report 10: 7809.

Lu, H-P., Wang, Y-P., Huang, S-W., Lin, C-Y., Wu, M., Hsieh, C-H. and Yu, H-T. 2012. Metagenomic analysis reveals a functional signature for biomass degradation by cecal microbiota in the leaf-eating flying squirrel (*Petaurista alborufus lena*). BMC Genomics 13: 466.

Lv, X., Cheng, J., Meng, Y., Chang, Y., Xia, L., Wen, Z., Ge, D., Liu, S. and Yang, Q. 2018. Disjunct distribution and distinct intraspecific diversification of *Eothenomys melanogaster* in South China. BMC Evolutionary Biology 18: 50.

増田隆一．2005．ヒグマの系統地理的歴史とブラキストン線．（増田隆一・阿部永編著，動物地理の自然史 ── 分布と多様性の進化学）pp. 45–59．北海道大学図書刊行会，札幌．

Masuda, R., Lin, L-K., Pei, K. J-C., Chen, Y-J., Chang, S-W., Kaneko, Y., Yamazaki, K., Anezaki, T., Yachimori, S. and Oshida, T. 2010. Origin and funder effects on the Japanese masked palm civet *Paguma larvata* (Viverridae, Carnivora), revealed from a comparison with its molecular phylogeography in Taiwan. Zoological Science 27: 499–505.

Mitsuzuka, W. and Oshida, T. 2018. Feeding adaptation of alimentary tract in arboreal squirrels. Mammal Study 43: 125–131.

Motokawa, M. and Lin, L-K. 2020a. Family Muridae. In (Lin, L-K., Oshida, T. and Motokawa, M., eds.) Mammals of Taiwan, Vol. 2, pp. 39–97. Tunghai University, Taichung, Taiwan and Ministry of Science and Technology, Taipei, Taiwan.

Motokawa, M. and Lin, L-K. 2020b. Family Cricetidae. In (Lin, L-K., Oshida, T. and Motokawa, M., eds.) Mammals of Taiwan, Vol. 2, pp. 98–108. Tunghai University, Taichung, Taiwan and Ministry of Science and Technology, Taipei, Taiwan.

Nater, A., Mattle-Greminger, M. P., Nurcahyo, A., de Manuel, M., Desai, T., Groves, C., Pybus, M., Sonay, T. B., Roos, C., Lameira, A. R., Wich, S. A., Askew, J., Davila-Ross, M., Fredriksson, G., de Valles, G., Casals, F., Prado-Martinez, J., Goossens, B., Verschoor, E. J., Warren, K. S. and Singleton, I. 2017. Morphometric, behavioral, and genomic evidence for a new orangutan species. Current Biology 27: 3487–3498.

野林厚志．2002．台湾原住民族の狩猟方法 ── 日本統治時代の資料から．国立民族学博物館調査報告書 34: 215–230.

Oshida, T., Satoh, H. and Obara, Y. 1992. A preliminary note on the karyotypes of giant flying squirrels *Petaurista alborufus* and *P. petaurista*. Journal of Mammalogical Society of Japan 16: 59–69.

Oshida, T., Obara, Y., Lin, L-K. and Yoshida, M. C. 2000. Comparison of banded karyotypes between two subspecies of the red and white giant flying squirrel *Petaurista alborufus* (Mammalia, Rodentia). Caryologia 53: 261–267.

Oshida, T., Lin, L-K., Yanagawa, H., Kawamichi, T., Kawamichi, M. and Cheng, V. 2002a. Banded karyotypes of the hairly-footed flying squirrel *Belomys* (*Trogopterus*) *pearsonii* (Mammalia, Rodentia) from Taiwan. Caryologia 55: 207–211.

Oshida, T., Su, J-F. and Lin, L-K. 2002b. Chromosomal characterization of the Formosan striped-squirrel *Tamiops maritimus formosanus* (Mammalia, Rodentia). Caryologia 55: 213–216.

Oshida, T., Lee, J-K., Yuan, S-L. and Lin, L-K. 2003. A preliminary note on banded karyotypes of the Perny's long-nosed squirrel *Dremomys pernyi* (Mammalia, Rodentia) from Taiwan. Caryologia 56: 171–174.

Oshida, T., Shafique, C. M., Barkati, S., Fujita, Y., Lin, L-K. and Masuda, R. 2004. A preliminary study on molecular phylogeny of giant flying squirrels, genus *Petaurista* (Rodentia, Sciuridae) based on mitochondrial cytochrome *b* gene sequences. Russian Journal of Theriology 3: 15–24.

Oshida, T., Lee, J-K., Lin, L-K. and Chen, Y-J. 2006. Phylogeography of Pallas's squirrel in Taiwan: geographical isolation in an arboreal small mammal. Journal of Mammalogy 87: 247–254.

Oshida, T., Torii, H., Lin, L-K., Lee, J-K., Chen, Y-J., Endo, H. and Sasaki, M. 2007. A preliminary study on origin of *Callosciurus* squirrels introduced into Japan. Mammal Study 32: 75–82.

Oshida, T., Lin, L-K., Chang, S-W., Chen, Y-J. and Lin, J-K. 2011. Phylogeography of two sympatric giant flying squirrel species, *Petaurista alborufus lena* and *P. philippensis grandis* (Rodentia, Sciuridae) in Taiwan. Biological Journal of the Linnean Society 102: 404–419.

Oshida, T., Lin, L-K., Chang, S-W., Dang, C. N., Nguyen, S. T., Nguyen, N. X., Nguyen, D. X., Endo, H., Kimura, J., Sasaki, M., Hayashida, A.

and Takano, A. 2015. Mitochondrial DNA evidence suggests challenge to the conspecific status of the hairy-footed flying squirrel *Belomys pearsonii* from Taiwan and Vietnam. Mammal Study 40: 29–33.

Oshida, T., Lin, L-K., Chang, S-W., Can, N. D., Nguyen, S. T., Nguyen, N. X., Nguyen, D. X., Endo, H., Kimura, J. and Sasaki, M. 2017. Mitochondrial DNA evidence reveals genetic difference between Perny's long-nosed squirrels in Taiwan and Asian mainland. Mammal Study 42: 111–116.

押田龍夫・山﨑晃司．2019．「日本台湾合同野生動物管理学術交流会議」について．哺乳類科学 59: 121–124.

Oshida, T. and Lin, L-K. 2020. Family Sciuridae. In (Lin, L-K., Oshida, T. and Motokawa, M., eds.) Mammals of Taiwan, Vol. 2, pp. 7–38. Tunghai University, Taichung, Taiwan and Ministry of Science and Technology, Taipei, Taiwan.

Ota, H. 1998. Geographic patterns of endemism and speciation in amphibians and reptiles of the Ryukyu archipelago, Japan, with special reference to their paleogeographical implications. Research on Population Ecology 40: 189–204.

Raspopov, M. P. and Isakov, Y. A. 1980. Biology of the Squirrels. Amerrind Publishing, New Delhi.

Sanamxay, D., Douangboubpha, B., Bumrungsri, S., Satasook, C. and Bates, P. J. J. 2014. A summary of the taxonomy and distribution of the red giant flying squirrel, *Petaurista petaurista* (Sciuridae, Sciurinae, Pteromyni), in mainland Southeast Asia with the first record from Lao PDR. Mammalia 79: 305–314.

Seuánez, H., Fletcher, J., Evans, H. J. and Martin, D. E. 1976. A polymorphic structural rearrangement in the chromosomes of two populations of orangutan. Cytogenetics and Cell Genetics 17: 327–337.

Shafique, C. M., Barkati, S., Oshida, T. and Ando, M. 2006. Comparison of diets between two sympatric flying squirrel species in northern Pakistan. Journal of Mammalogy 87: 784–789.

Sun, N. C-M., Sompud, J. and Pei, K. J-C. 2018. Nursing period, behavior development, and growth pattern of newborn Formosan pangolin

(*Manis pentadactyla pentadactyla*) in the wild. Tropical Conservation Science 11: 1–6.

Sun, N. C-M., Arora, B., Lin, J-S., Lin, W-C., Chi, M-J., Chen, C-C. and Pei, K. J-C. 2019. Mortality and morbidity in wild Taiwanese pangolin (*Manis pentadactyla pentadactyla*). Plos One 14(2): e0198230.

Sun, N. C-M., Pei, K. J-C. and Wu, L-Y. 2021. Long term monitoring of the reproductive behavior of wild Chinese pangolin (*Manis pentadactyla*). Scientific Report (2021) 11: 18116.

鈴木美成・渡邊泉・久野勝治・阿南弥寿美・國頭恭・田辺信介．2004．タイワンリスの肝臓におけるCu蓄積と細胞内分布．Biomedical Research on Trace Element 15: 97–99.

Suzuki, Y., Watanabe, I., Oshida, T., Chen, Y-J., Lin, L-K., Wang, Y-H., Yang, K-C. and Kuno, K. 2007. Accumulation of trace elements used in semiconductor industry in Formosan squirrel, as a bio-indicator of their exposure, living in Taiwan. Chemosphere 68: 1270–1279.

Tamada, T., Siriaroonrat, B., Subramaniam, V., Hamachi, M., Lin, L-K., Oshida, T., Rerkamnuaychoke, W. and Masuda, R. 2008. Molecular diversity and phylogeography of the Asian leopard cat, *Felis bengalensis*, inferred from mitochondrial and Y-chromosome DNA sequences. Zoological Science 25: 154–163.

田村典子．2011．リスの生態学．東京大学出版会，東京．

Tseng, W-C., Yang, Y-C., Chen, Y-J. and Chen, Y-C. 2021. Estimating the willingness to pay for eco-labeled products of Formosan pangolin (*Manis pentadactyla pentadactyla*) conservation. Sustainability 13: 9779.

Wang, Y-X., Li, S-S., Li, C-Y., Wang, R-F. and Liu G-Z. 1980. Karyotypes and evolution of three species of Chinese squirrels (Sciuridae Mammalia). Zoological Research 1: 501–521.

Wu, J-S., Chiang, P-J. and Lin, L-K. 2012. Monogamous system in the Taiwan vole *Microtus kikuchii* inferred from microsatellite DNA and home range. Zoological Studies 51: 204–212.

Yeh, S-H., Hsu, J-T. and Lin, Y-K. 2012. Taiwan field voles (*Microtus kikuchii*) herbivory facilitates Yushan cane (*Yushania niitakayamensis*) asexual reproduction in alpine meadows. Journal of Mammalogy

93: 1265–1272.
Yu, H-T. 1993. Natural history of small mammals of subtropical montane areas in central Taiwan. Journal of Zoology, London 231: 403–422.
Yu, H-T. 1995. Patterns of diversification and genetic population structure of small mammals in Taiwan. Biological Journal of the Linnean Society 55: 69–89.
Yuan, S-L., Oshida, T. and Lin, L-K. 2006. Phylogeography of the mole-shrew (*Anourosorex yamashinai*) in Taiwan: implication of interglacial refugia in a high-elevation small mammal. Molecular Ecology 15: 2119–2130.
Yuan, S-L., Jiang, X-L., Li, Z-J., He, K., Harada, M., Oshida, T. and Ling, L-K. 2013. A mitochondrial phylogeny and biogeographical scenario for Asiatic water shrews of the genus *Chimarrogale*: implications for taxonomy and low-latitude migration routes. Plos One 8(10): e77156.

[著者略歴]
一九六二年　神奈川県に生まれる
一九九七年　北海道大学大学院理学研究科博士後期課程単位取得退学、台湾東海大学助教などを経て、
現在　帯広畜産大学環境農学研究部門教授、博士（理学）、日本哺乳類学会理事長
専門　哺乳類学――森林性および樹上性小型哺乳類の生態、系統地理、生物地理

[主要著書]
『動物地理の自然史』（分担執筆、二〇〇五年、北海道大学図書刊行会）
『染色体から見える世界』（分担執筆、二〇一八年、文永堂出版）ほか

台湾動物記
知られざる哺乳類の世界

二〇二三年六月一五日　初　版

検印廃止

著　者　押田《おしだ》龍夫《たつお》
発行所　一般財団法人　東京大学出版会
代表者　吉見俊哉
一五三-〇〇四一　東京都目黒区駒場四―五―二九
電話：〇三―六四〇七―一〇六九
振替：〇〇一六〇―六―五九九六四
印刷所　株式会社　精興社
製本所　誠製本株式会社

ISBN 978-4-13-063380-2 Printed in Japan